臨海副都心の過去・現在・未来

武蔵野大学政治経済研究所［編］

武蔵野大学出版会

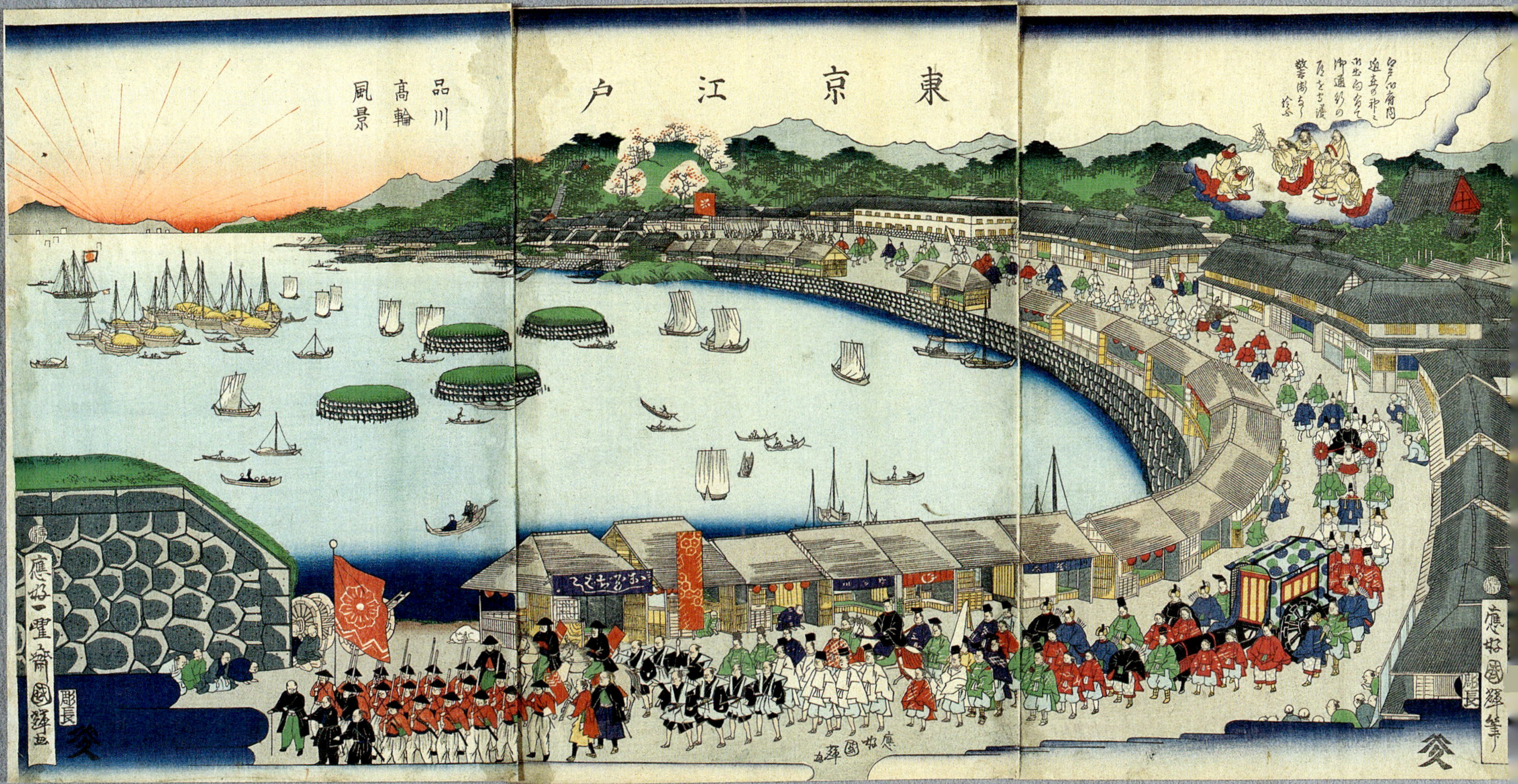
東京江戸
品川高輪風景
應好一曜齋國輝画
彫長
應好國輝画
應好國輝筆
彫長

はじめに

東京湾岸の臨海部にひろがる広大な埋立地を、7番目の「副都心」として開発する計画が持ち上がったのは1980年代中頃のことであった。それからはや30年近い月日が過ぎようとしている。

いまや「お台場」の名称で親しまれ、フジテレビの本社社屋などですっかり有名になったこの臨海副都心地域に注目し、改めてその過去・現在・未来について語り尽くしてみようというのが本書の目的である。

「お台場」の愛称の由来となった品川台場がいつ何の目的でできあがったのか？　臨海副都心にはどのような企業がどれくらい進出しているのか？　大震災が起きた時に備えてどのような防災対策が取られているのか、液状化対策などは大丈夫なのか？　などなど、442ヘクタールの埋立地につくられた新興のまちではあるが、語られるべき事柄は実に多い。

本書はこうした数々の問いに武蔵野大学政治経済研究所のメンバーが取り組んだ成果をまとめたものである。武蔵野大学は2012年度より、臨海副都心有明南地区に新キャンパスを開校した。この有明キャンパス開校を記念して、政治経済研究所に在籍するメンバーが研究会を結成して書き上げたのが本書である。

執筆者たちの本来の専門分野は歴史学、政治学、経済学、経営学、社会学など多岐にわたる。研究者は通常、自分の専門外のことをあまり書きたがらないものであるが、本書作成にあたっては、それぞれの関心ある専門分野に傾斜し過ぎることはできるだけ控えるよう努めた。臨海副都心という地域の過去・現在・未来について、なるべく多くの人に読んで頂きたいと考えたからである。

各章の内容は、以下の通りである。まず最初の2つの章ではいま現在に至るまでの臨海副都心の歴史が取り上げられている。第1章「臨海副都心の夜明けまえ」では、臨海副都心の歴史的ルーツとして江戸末期につくられた品川台場に焦点が当てられ、その築造の経緯が語られている。第2章「湾岸の新副都心」では、1980年代に入って臨海地域が「副都心」としての位置づけを与えられ、大規模な開発が進んでいく経緯が整理されている。

第3章以降では、執筆者がそれぞれの視点から臨海副都心の現在を捉え、未来に向けての展望を語っている。第3章「ウォーターフロントの新都市建設型複合開発」は、臨海副都心の「13号埋立地」を事例に、新しい埋立地の帰属をめぐって地方公共団体間でどのような争いが生じてきたかが検討されている。第4章「ビジネスの場としての臨海副都心」では、臨海副都心への企業進出の経緯が整理され、ビジネスの場としての魅力を高めていくための今後の展望が語られている。第5章「臨海副都心の地域ブランド」では、お台場ブランドを構築していくための条件として、企業と住民が一体となって地域のブランド化に取り組むことの必要性が説かれている。

第6章「東京都のエネルギー政策と臨海副都心」では、3・11後に登場した東京のエネルギー政策に注目しながら、臨海副都心に計画された送電網構築事業の社会的意義が検討されている。第7章「臨海副都心と武蔵野大学の教育」では、日本の高等教育全体が抱える問題の文脈の中で武蔵野大学の教育方針が語られ、さらに新キャンパス移転後の教育課題についても詳しく説明されている。そして、最後の第8章「首都直下地震と東京臨海副都心の災害対策」では、首都直下型地震についての各種予測を踏まえながら、臨海副都心の防災対策の現状が検証され、今後一層の災害対応能力を高めるための課題点などが明らかにされている。

本書が臨海副都心に興味を持つ人々にとって少しでも役立つものであれば、執筆者一同これに勝る喜びはない。

臨海副都心の過去・現在・未来

——目次

口絵　東京江戸品川高輪風景　歌川国輝（二代）（品川区立品川歴史館所蔵）

第1章

臨海副都心の夜明けまえ

―台場の築造とその後―

後藤　新

1　臨海副都心のはじまりのその前

臨海副都心。変化の激しいトウキョウのなかでも一段と変化のスピードの速い、東京湾ウォーターフロントの中心に位置する地域の正式な名称である。しかし、本来の呼び名である「臨海副都心」というよりも、「お台場」といった方がしっくりくるかもしれない。たとえば、臨海副都心でデートしようとする場合、「臨海副都心にいこうよ！」より「お台場にいこうよ！」と誘う人の方が多いだろう。このように、「お台場」という通称は、すでに一般化していると考えていい。

しかし、じつのところ「お台場」という地名は存在しない。住所として正しく存在するのは港区台場であり、ここはフジテレビなどがある地域である。臨海副都心は港区台場を含め、江東区有明・青海、品川区東八潮の各地域からなっているから、港区台場でさえ臨海副都心の一部分に過ぎない。

しかし、今では、フジテレビの一帯もしくは臨海副都心全体をさす通称として、「お台場」という言葉が広く浸透している。

そもそも「お台場」とは何だろうか。

「お」がどこからやってきたのかは、今ひとつはっきりしないのだが、台場とは外国船の到来に備え大砲を据えるために構築された陣地のことである。じつは台場は今も残っている。お台場海浜公園の浜辺に立つと、海の中にけっこうな大きさの人工島がみえる。海に浮かぶ、緑がうっそうと茂る人工島こそが台場である。なかにはいってみると波止場跡には「史蹟　品川台場参番」と彫られた碑がたっている。どうやら、ここは3番目の品川台場ということらしい。

そうなのである。台場は江戸時代末期に複数つくられ、品川台場と総称されていたのである。じつは、品川台場はもう1つ残っている。第3台場の先に見える、森林がうっそうと生い茂る孤島がそれだ。第6台場である。ただし、現在、第6台場に立ち入ることはできない。

写真 1-1　第3台場（碑）
第3台場に建てられている碑（筆者撮影）

なるほど、台場がある

写真 1-2　第３台場（遠景）

写真の右、レインボーブリッジの下に見えるのが第３台場である。ビーチ沿いをぐるっと回れば、５分ほどで入り口につく。（筆者撮影）

からフジテレビの一帯は、港区台場という地名になったのである。わかってしまえば何てことはない。しかし、そんな昔々の砲台跡が、今や臨海副都心の通称にまでなっているのだ。これはすごいことである。

それでは、品川台場はいつ、どんな目的で築造されたのだろうか。そして、それらの台場はその後、どうなってしまったのだろうか。本章では、臨海副都心の現在と未来をみすえるためのはじめとして、東京湾の広大な埋め立て作業の出発点ともいえる品川台場の歴史について追ってみたいと思う。

2 品川台場の築造

(1) ペリーの来航

徳川家康が三河から移り住み始めたころの江戸の風景と、現在の東京の風景は大きく異なる。家康が入府したころ、江戸城東部の日比谷まで入り江がはいりこみ、また、江戸の多くの地域は湿地帯であった。江戸の歴史は、埋め立ての歴史といっても良いほどに、幕府は埋め立て工事を続けている。そのような意味で、臨海副都心の出発点は、家康の江戸入府にまでさかのぼることも可能である。

しかし、ここでは台場の築造を、臨海副都心の出発点と考えたい。なぜなら、1つは、品川台場の築造はそれまでの埋め立て工事と異なり、海中に人工島を作るという形でなされたからであり、もう1つには、先に述べたように台場こそが、現在の「お台場」という通称の由来となっているからである。

さて、それではなぜ、江戸湾の奥深く、品川の沖に台場が築造されたのだろうか。その直接的な原因は、東インド艦隊司令長官ペリーが4隻の黒船を引き連れて浦賀まで来航してきたことである。

江戸時代、幕府は3代将軍徳川家光のころから、ほとんどの外国船の来航を禁止していた。いわゆる鎖国である。しかし、19世紀になると、外国船の来航があいつぐようになった。幕府の外国船への対応は二転三転するが、来航があいつぐなかで海防意識はいやおうなく強まった。そのため、日本の各地には1000を超える台場や砲台が築造されている。

将軍のお膝元たる江戸の防備もまた急務であったことはいうまでもない。江戸の町を守るために、江戸湾の海防が必要とされるのである。そのため、文化7（1810）年以降、房総半島や三浦半島の各地には複数の台場が築造された。幕府の防衛計画では、三浦半島東端の観音崎と房総半島の富津を結ぶ線が江戸湾口の最終防衛線とされていたのである。

ただし、当時に築造された台場のほとんどは、のちの品川台場と大きく異なるものであった。それらの台場は、和流兵法の築城術にもとづいて築かれていたのである。また、台場に置かれた大砲の多くは時代遅れの和流大砲（和筒）であったから、その威力は心もとないものであった。

江戸湾沿岸に西洋式の大砲が広く配備されるようになるのは、老中阿部正弘が嘉永3

（1850）年9月、海防の強化のために蘭学を認めてからのことである。こうして、江戸湾沿岸の防備にあたっていた諸藩はようやく西洋式の大砲を積極的に置くようになる。なお、その際に西洋流砲術の教師となったのが、品川台場築造の主役となる江川太郎左衛門英龍《ひでたつ》（1801〜1855）であった。英龍は当時、日本におけるトップクラスの西洋流兵法学者だったのである。

このように、江戸湾の海防は強化されつつあったが、その防衛力はお世辞にも、十分といえるものではなかった。嘉永6（1853）年6月の黒船の来航は、その事実をいやおうなく幕府にわからせる。

「太平の眠りを覚ます上喜撰（蒸気船）たつた四はいで夜も眠れず」の狂歌などで知られるペリーの来航は、まさに幕府を震撼させた。黒船が軽々と最終防衛線をこえて江戸湾に侵入してきたためである。ペリーは久里浜

図1-1　江川太郎左衛門英龍（1801〜1855）

江川家は江戸時代、伊豆韮山の代官をつとめており、英龍は江川家の36代目にあたる。坦庵と号した。英龍は、代官として民政改革に力をいれ「世直江川大明神」と称される一方、早くから海防の問題にも関心をもち、渡辺崋山ら蘭学者と広く親交をむすび、世界情勢や西洋の軍事技術の知識をえていた。また、砲術家の高島秋帆の弟子となって西洋流砲術も修めている。

（財団法人 江川文庫所蔵）

（現在の神奈川県横須賀市久里浜）に上陸し浦賀奉行戸田氏栄と会見するが、その間、ゆうゆうと江戸湾内の測量をおこなっている。

ペリーの要求は、日本の開国であった。ペリーは、フィルモア大統領の国書を戸田に渡すと、翌年の再訪をつげ去っていく。幕府には回答までの猶予があたえられたのである。

ペリーの来航は、それまでの江戸湾の防備が十分でないことを幕府に痛感させた。そのため、黒船が去ると、老中阿部正弘は英龍を招き海防問題について色々とたずねている。英龍は、早くから幕府へ何度も海防の強化の必要とその方法について建議していた。だから、江戸湾の海防の強化が急務となるなかで、阿部が英龍を呼び出し色々とたずねたのは必然的であった。阿部は英龍の意見に強く感銘をうけたようである。阿部は、英龍と会見したあと、英龍を勘定吟味役格に抜擢し、若年寄本多忠徳らの江戸湾の調査に随行させている。

嘉永6（1853）年7月、江戸湾の調査から戻った英龍は、勘定吟味役であった川路聖謨《としあきら》と連名で、海軍の創設と品川沖への台場築造の必要を上申した。英龍の江戸湾防衛構想はもともと、観音崎（三浦半島）と富津（房総半島）の間を第1線、品川沖を第4線とする4つの防衛線を湾内にひき、それぞれの防衛線に海堡を築くという壮大なものであった。しかし、ペリーが再び来航するまで時間は限られていることや、幕府が財政難に困窮していたことを考慮し、英龍は最終防衛線にあたる品川沖の台場築造に海防強化の計画をしぼったのである。なお、品川沖を最終防衛線としたのは、水深が浅く、台場をつくる際の埋め立て工事が容易であると判断したためである。

幕府は、英龍らの上申を受けて7月23日、勘定奉行松平近直、川路、勘定吟味役竹内保徳、英龍の4名に品川台場の築造を命じた。英龍の上申はすぐに採用されたのである。ただし、品川台場の築造を命じられた4名のうち、西洋流兵法に通じていたのは英龍のみであった。そのため、英龍には、台場の建設から大砲の調達にいたるまで全ての実務が委ねられる。

(2) 品川台場の築造の開始とつまずき

英龍の計画した台場の築造は、それまでの台場と大きく異なるものであった。英龍は、オランダなど西洋の築城書を参考にして、品川台場を設計するのである。

英龍の当初の構想は、南品川の猟師町(現在の品川区東品川1丁目)から東北に位置する深川洲崎(現在の江東区東陽1丁目)にかけて、2列11基の台場を築くというもの

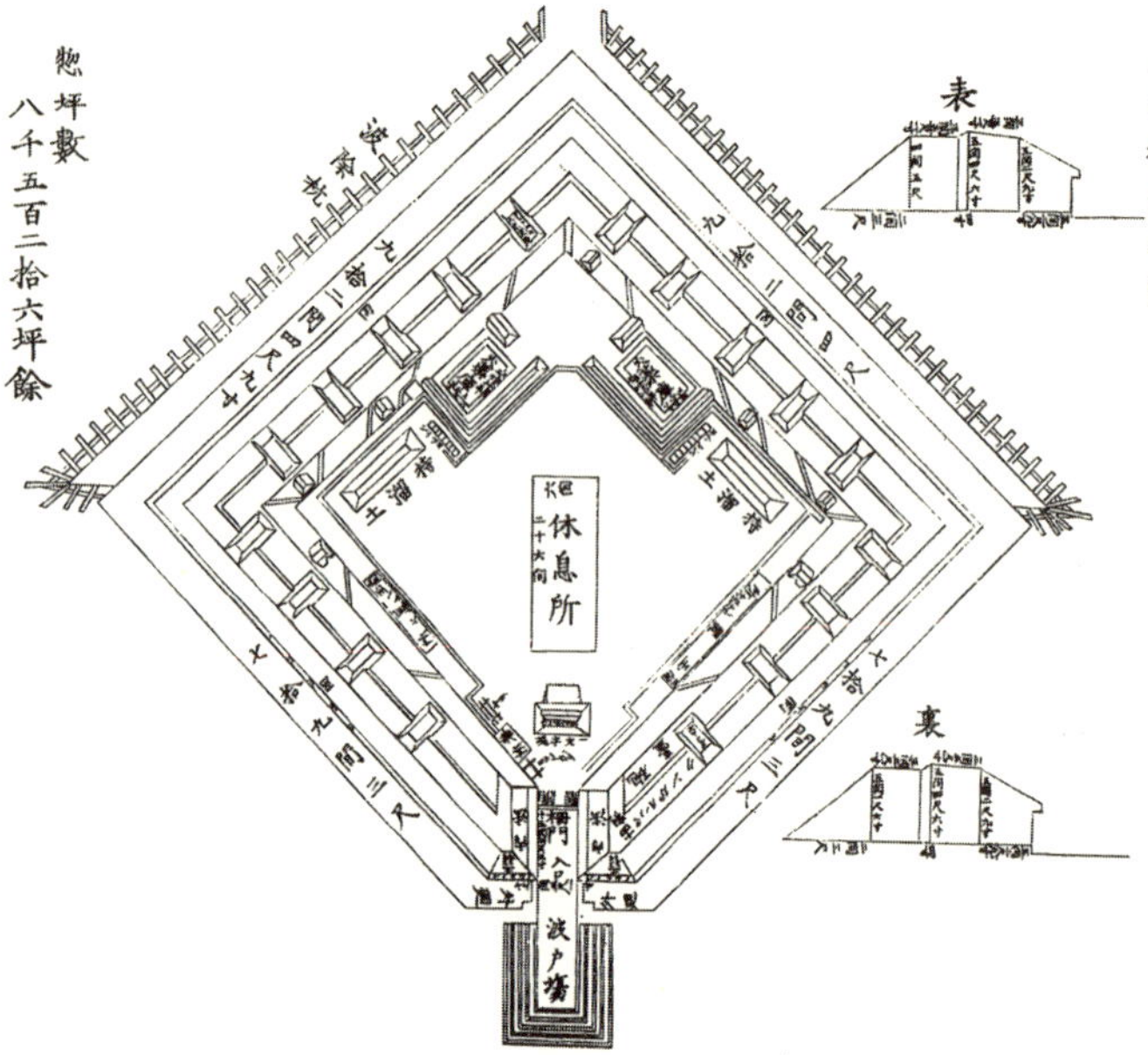

図 1-2　三番御台場築造図

現在も残る第３台場の設計図。設計図には、陣屋や火薬庫、砲台の位置まで精緻に描かれている。　　（『陸軍歴史』巻十より）

であった。台場の配置も工夫されており、それぞれの台場の間隔は狭く、死角をもたないように配置されている。

築造の計画が定まると、品川台場の築造工事はすぐに開始された。嘉永6（1853）年8月には、まず第1から第3までの台場の工事が着手され、翌7年7月に竣工している。品川台場の築造は大工事であったが、築造の決定から竣工までのスピードの速さには、幕府の危機感の強さがよくあらわれている。

ところが、英龍の品川台場の築造計画は、第3までの台場の築造中に早くもつまずきをみせる。

ペリーが再び来航した嘉永7（1854）年正月に、品川台場の築造計画は見直されてしまうのである。同じ月に、第4から第7までの台場の工事は開始されるが、第8以降の台場の築造は中止されてしまった。また、第4から第7までの台場についても、第5と第6台場はその年の12月に竣工しているが、第4と第7台場の工事は築造の途中で中止されてしまう。第4台場は70パーセント、第7台場にいたっては30パーセントの出来のまま工事が中止となり放置されてしまったのである。そのため、この途中で築造を放棄された2基の台場は、人々から「崩れ台場」と呼ばれるようになる。

なお、品川台場の築造計画が当初から大きく変更されたため、築造が中止となった台場のかわりとして御殿山下《ごてんやました》（現在の品川区立台場小学校）に陸続きの台場が築造されることとなった。ちなみに、この台場はちゃんと築造されている。

当然のことながら、英龍は品川台場の築造計画の変更に強く反対した。英龍は物静かな人物として知られていたが、品川台場の築造計画の変更をめぐっては、勘定所で川路と激論をかわし周囲を驚かせたという。この計画の変更は、英龍もよほど腹に据えかねたのだろう。

それではなぜ幕府は、あれほど重視していた品川台場の築造計画をすぐに変更してしまったのだろうか。

それには、2つの理由があった。1つは、幕府の財政が非常に困窮していたことである。もともと幕府は江戸時代の多くの時期、財政難に頭を悩ませていた。それに加え、ペリーが来航する前年には、江戸城で火事がおこり西の丸が炎上してしまっていたのである。この再建のため、ただでさえ財政に汲々としていた幕府は、100万両をこえる費用を計上している。

品川台場は、ひとつの台場が1万8000平方メートルから3万5000平方メートルもの大きさをほこる巨大な埋め立て事業であった。さらに、ただ人工島をつくれば良いというわけではない。砲台場なのだから砲台を作るのは当然として、台場に勤務する

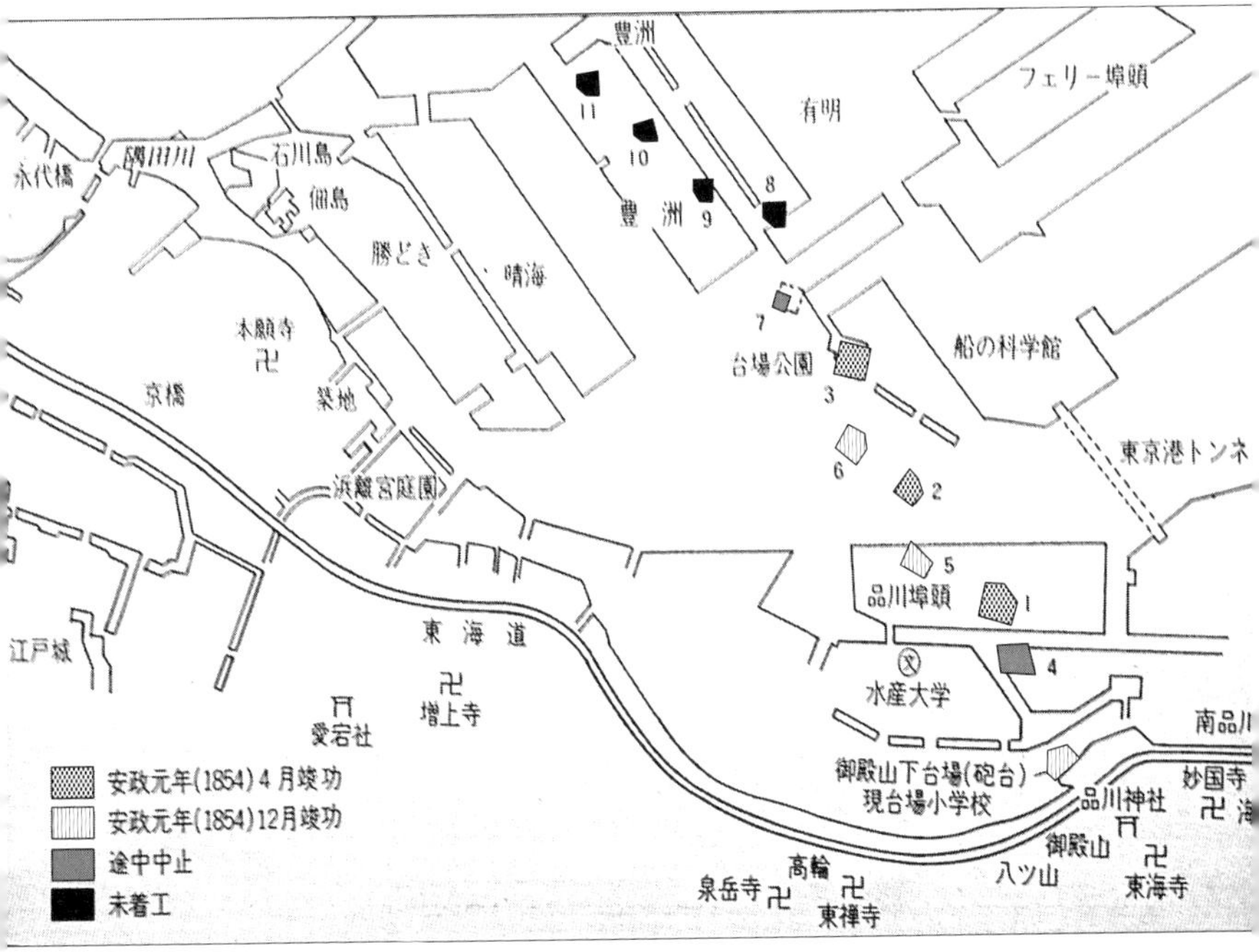

図 1-3　品川台場構築図

品川台場の配置を現在の臨海副都心に重ねると、このようになる。　（『東京港史』第 1 巻 通史(各論)1201 頁）

武士のための宿泊施設や大船の建造費など、合わせておよそ100万両を必要としていた。

参考までに天保13(1842)年の幕府の歳入をあげると、およそ125万6000両である。(注1)つまり、品川台場の築造には、幕府の年収とほぼ同等の費用が必要だったのである。さらに、西の丸再建のために同じく100万両強を使っていたわけであるから、品川台場の築造が幕府の財政にどれほど負担をかけたか想像できるだろう。

人工島をつくるためには、まず大量の土砂を海にいれ埋め立てなくてはならない。必要な土砂は、高輪泉岳寺の山や伊予今治藩の下屋敷の山、御殿山などを切り崩して用立てられた。

また、土砂のみでは島にならない。島の形を整えたりするために大量の木材も必要だが、木材は根戸村(現在の千葉県我孫子市と柏市の一部)および鑓水村(現在の八王子市)の幕府直轄の「御林」から集めた。さらに、石垣も必要であるが、石材は相模や伊豆などから集めている。

幕府は土砂の運搬を滞らせないため、運搬の通路にあたる家屋を取り壊し、さらには、高輪通りの往来を昼の間、通行禁止にしたという。現在では考えられないような方法を用いたからこそ、品川台場の築造は短期間のうちになされたのである。

なお、現在と違い土木機械のない時代だから、この大工事はすべて人の手によっておこなわれた。築造には一日あたり5000人もの人足が働いたという。「御台場の土かつぎ先きで飯くつて二百と五ん十、こいつは又うまいもんだチヨチヨンガヨイヤサ」(注2)とうたわれ、人足の集まる品川宿周辺は台場築造によって、突然の好景気にわいたという。ちなみに、「二百と五ん十」とは人足の一日の賃金だった250文のことである。これだけの人足が毎日働いたわけだから、人件費も大変な額が必要とされたのである。品川台場の築造は途中で中止されたとはいえ、それでも大金が必要なことにかわりはない。それでは、幕府は品川台場の築造費用をどうやって集めたのだろうか。

その方法はおもに2つだった。

1つは、全国の幕領にたいし半強制的に「御用金《ごようきん》」(献金)を課すことである。これによって相当の金額が集まったようだ。

もう1つは、貨幣の改鋳である。貨幣の改鋳は、財政に困窮するとたびたびおこなっていた幕府の得意技である。幕府は流通している貨幣を集め、まぜものをして新貨幣を鋳造する。こうして「質」を落とし「量」を増やすことで、その「出目《でめ》」(差益)を幕府の収入としたのである。品川台場の築造に際しても貨幣の改鋳がなされており、嘉永7(1854)年に改鋳された一朱銀(嘉永一朱銀)は、しゃれっ気のある江戸っ子たちから「お台場銀」とか「お台場」と呼ばれたという。一朱銀は人足たちの一日の給金である銭250文に相当していたためである。

なお、読者の中には「台場通宝」という言葉を聞いたことのある方がいるかもしれない。「台場通宝」は、昭和7年に品川町役場が編纂した『品川町史』に取り上げられ一躍有名になった銅貨で、当時、すでに海上公園として公開されていた第3台場にいくと「台場通宝」の現物がみられたという。

しかし、残念ながら「台場通宝」にまつわる話は真っ赤なうそである。この銅貨の真相は、小田部市郎という鋳物師が大正4・5年ころ、趣味で創作したものであったということだ。(注3)

余談はさておき、本題にもどろう。

さて、品川台場の築造が途中で中止された、もう1つの理由は、幕府の外交方針の転換である。ペリーが再び江戸湾に来航したころ、幕府の外交方針は開国に決していたのである。開国したことによって、江戸が攻撃される危険は一気に低くなったから、品川台場の築造も緊急の課題ではなくなった。幕府の財政状況はひどく悪かったから、品川台場の計画が途中で中止となったのも仕方のない処置であったのである。

なお、文久3(1863)年、尊王攘夷運動の高まりによって西洋列強から江戸が攻

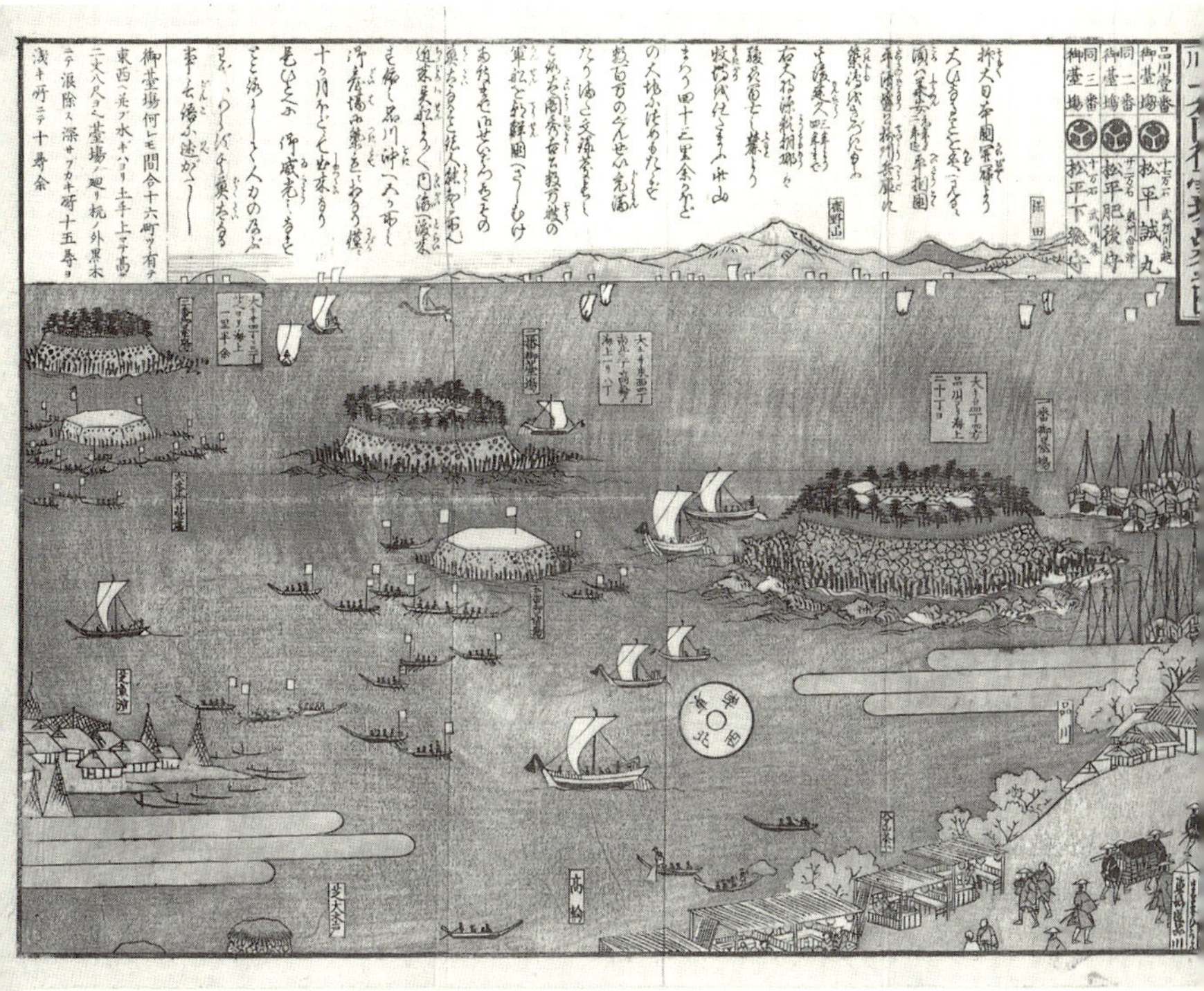

図 1-4　品川大筒御台場出来之図（彩色瓦版）

品川台場の築造について報じるかわら版。江戸の人々は、これらの人工島をみて何を思ったのだろう。

（品川区立品川歴史館所蔵）

撃される危険が高まると、品川台場の築造はふたたび計画される。この際の計画は、工事が途中で止まっていた第4、第7台場を完成させるというものだった。しかし、資金難により築造はふたたび中止されている。

完成した6基の品川台場には西洋式の大砲が配備され、陣屋や火薬庫もおかれた。幕府が崩壊するまで品川台場は、川越藩や会津藩など計21藩が守備を担当している。しかし、幸いなことに品川台場の大砲は、一度も火を噴くこと無く明治を迎える。

3　品川台場のその後

明治になると、品川台場はまったく無用の長物となってしまう。明治8（1875）年6月、品川台場は陸軍省の管轄となるが、明治から昭和にかけ、品川台場が軍事施設として目だった活躍をすることはない。勝海舟は、品川台場について「彼が一弾をも受けずして、平和に其局を了り、今日〔明治22年　筆者注〕に至て猶無用視せらるるは、亦我人民の至幸と云可」と述べているが、まったくもってその通りだろう。品川台場は軍事施設なのだから、使われないに越したことはないのである。

軍事施設として目立った働きをしない品川台場だが、人々の関心は高かったようで、江戸から明治にかけて多くの浮世絵や錦絵に描かれている。このことからもわかるように、品川台場は本来の役割はさておき、当時の人々の生活のなかに、それなりに溶け込んでいたようだ。それでは、明治以降、品川台場はどのような利用のされ方をしたのだろうか。次に、明治以降の品川台場についてみていこう。

図1-5　トウキョウ　シナガワテツダウ　ジョウキハツシャノヅ
歌川広重（三代）

大判３枚からなる浮世絵には、蒸気機関車をメインとして近代的な橋や馬車、電線等が描かれ、それらの背景の海には複数の台場も描かれている。

（品川区立品川歴史館所蔵）

(1) 絶好の漁場としての品川台場

まず注目すべきなのは、品川台場のまわりの海である。そもそも、品川沖に台場の築造が決定された理由の1つは、台場周辺の海が遠浅なことであった。これは、漁場としても絶好の環境であったことを意味している。実際、江戸時代より品川沖は漁業が盛んであった。とくに海苔の養殖が有名で、江戸が誇る名物「浅草海苔」も品川沖でとれた海苔のことである。

しかし、品川沖の漁師たちにとって品川台場の築造はやっかいな問題であった。台場の築造によって海況が変化してしまい、漁業に支障をきたしてしまったのである。また、江戸時代の後期はいろいろな産業が発展していたため、転業する漁師も多かった。こうして、品川沖の漁業は一時的に衰退してしまう。

明治維新も、漁業の衰退に大きく影響した。江戸時代までの慣行がなくなると、漁業への新規参入者も増え、在来の漁師たちは漁場を失ってしまったのである。しかし、明治14（1881）年の布告によって江戸時代の慣行が復活し、同19年には東京湾漁業組合が発足するなど、漁場をめぐる混乱はようやくおさまりをみせる。そうすると、海苔

の養殖が盛んになっていたこともあって、品川沖の漁業はふたたび活況を呈するように
なり、ついには黄金期をむかえるのである。
また、東京湾は、汽水性から外海性のものまで貝の種類が豊富で、とくにカキの収穫

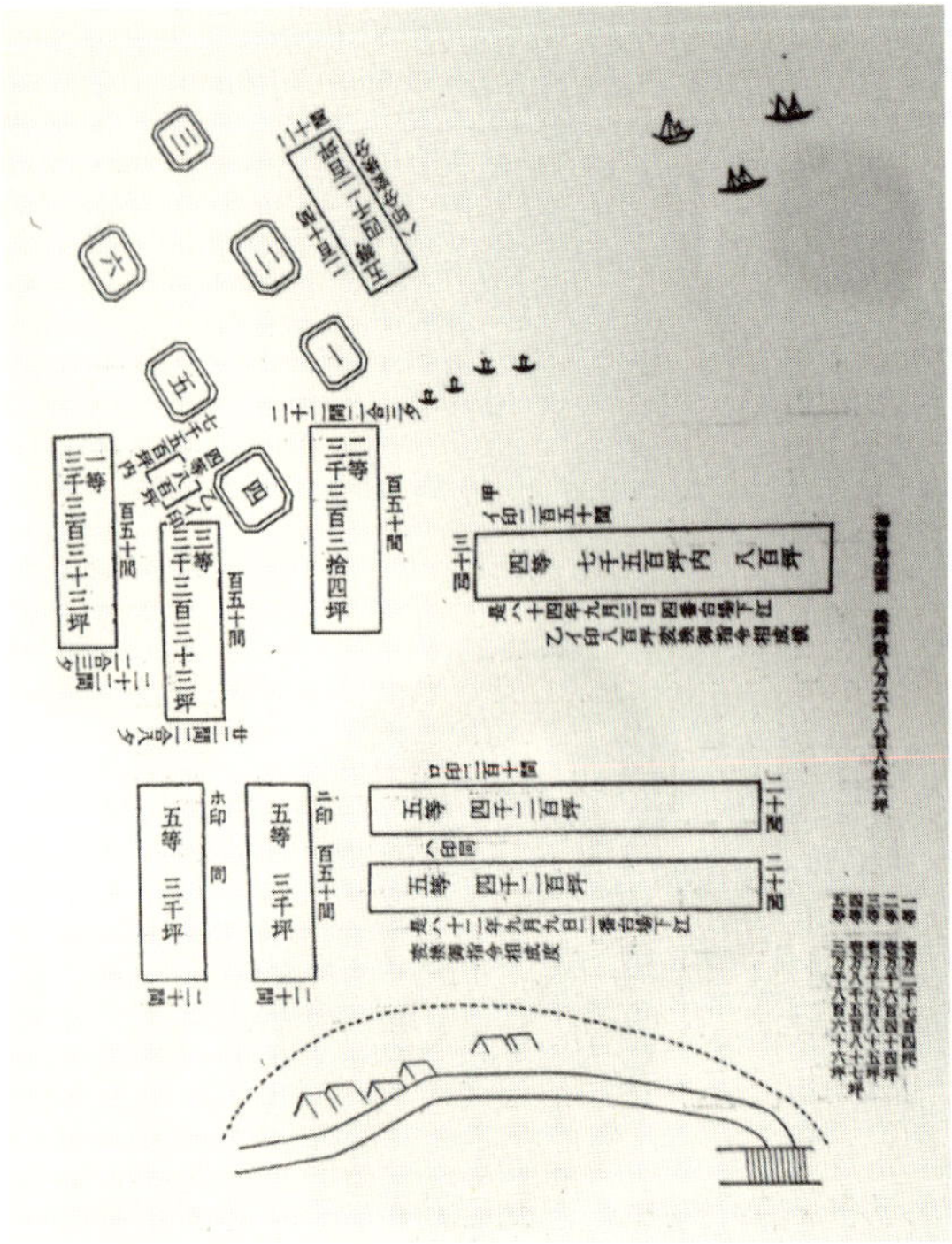

図 1-6　海苔取場図面

明治 14 年 10 月 5 日、東京府知事松田道之に提出された上申書の添付図。品川台場の周辺で盛んに海苔の栽培がされようとしていたことがわかる。

(『品川区史』続資料編第 2 より)

高は戦後にいたるまで全国有数であった。

　品川沖の漁業が黄金期をむかえていたころ、政府はカキの増産を奨励しており、たとえば農商務省は明治24（1891）年ころから第7台場でカキの採苗養育試験場（1128坪）を始めている。東京府もカキ養殖業を振興していた。海苔の養殖や採貝が盛んになされる一方で、魚類の漁が不振になってきたためであったという。東京府は、魚類の採捕を主とする漁師たちをカキ養殖業へ転換させようとしていたのである。そのため、東京府は、明治25年から第5台場のかたわらにカキの採苗・養成試験地として2000坪を設け試験を開始したほか、農商務省が第7台場でおこなっていたカキの養育試験場を引き継ぐ。さらに大正5（1916）年からは、第1台場と第7台場の付近に試験地を新たに設け、管理事務所を品川町歩行新宿《かちしんしゅく》（現在の品川区北品川1丁目）におくなど、カキの養殖試験の規模を拡大させている。東京府がカキの養殖にいかに期待していたのかわかるだろう。

　とはいえ、カキの養殖は漁民たちにはあまり浸透しなかったようだ。それは、品川台場の周辺では海苔の養殖がメインだったことと、なにより天然産のカキが豊富であったためだったという。それほどまでに、品川沖は豊かな漁場だったのである。なお、東京府のカキ養殖試験は、品川沖の漁業が廃止される昭和34（1959）年まで続けられている。

(2) 品川灯台 ― 第2台場 ―

さて、一方で、品川台場自体はどのように利用されたのだろうか。

まず、押さえておきたいのは、第2台場に建てられた灯台である。一見すると普通の灯台のようだが、これは現存する日本最古の洋式灯台なのである。

明治3年3月に点灯されたこの灯台は、横須賀造船所の所長をつとめていたフランス人技師ヴェルニーの指導によって第2台場の西端にたてられた。光源の高さは地上から約5・8メートル、海面上から約16メートルあり、石油による光は約18キロメートル先まで届いたと記録されている。この灯台は「品川灯台」とよばれ、文明開化のシンボルとして人々に親しまれていたという。

品川灯台は現在、愛知県犬山市の明治村に移設され国の重要文化財となっているが、御殿山下台場の跡地にある品川区立台場小学校の正門脇にも、品川灯台の模型がある。

図 1-7　東京滑稽名所 品川沖釣舟の狼狽 歌川広重（三代）
釣り船で大騒ぎする釣り人の背景に第２台場が描かれている。この台場の中央に立っているのが品川灯台である。
（品川区立品川歴史館所蔵）

写真 1-3　品川区立台場小学校
（旧御殿山下台場）

品川区立台場小学校は昭和 32（1957）年、御殿山下台場の跡地に開校された。小学校の敷地は五角形をしており、当時の面影を残す。また、校門わきには、品川灯台の模型が置かれており、子供たちの安全を見守っている。
（筆者撮影）

(3) 緒明造船所 ― 第4台場 ―

緒明《おあけ》造船所についても触れておかなくてはならないだろう。緒明造船所とは、洋式船製造の嚆矢とされる緒明菊三郎（1845〜1909）が第4台場に創設した造船所である。

菊三郎が第4台場の借用を東京府に願い出て許可されるまでには、ちょっとした経緯があった。菊三郎が最初に借用を願い出たのは、明治15（1882）年のことだが、この時は許可されない。当時、品川台場の民間への借用は一切認められていなかったのである。[注4] ところが、翌16年9月に共同運輸会社が借用を願い出ると許可される。[注5] 菊三郎は、明治18年9月から、共同運輸会社との共同借用人として名を連ね、こうしてようやく緒明造船所は開設されたのである。[注6]

それでは、なぜ共同運輸会社は第4台場の借用を許可されたのだろうか。

じつは共同運輸会社とは、当時、海運業を独占していた三菱会社に対抗するため、農商務大輔品川弥二郎の肝いりで設立された半官半民の海運会社であった。共同運輸会社は農商務省の後押しをうけ、第4台場の借用を認められたのである。なお、共同運輸会社は緒明を共同借用人とした直後、三菱会社と合併し日本郵船会社となっている。これは、両社の競争が激化し、ともに経営を悪化させたためであった。

緒明造船所は第4台場で40隻近くも洋式の大型木造商船を造船したという。人々は当時、第4台場を「緒明台場」と呼んでいたそうだ。

ところが、菊三郎の養子・圭造（1867〜1938）は、東京湾は造船業に向いていないとして海運業に転進する。圭造は日露戦争（1904〜1905）で陸軍御用船の事務を担当したり、大正元（１９１２）年に南洋郵船組を組織しジャワ航路を開設したりと活躍した。しかし、第一次世界大戦（１９１４～１９１８）によって船成金が多く生まれると、圭造は海運業からも身を引き始め、大正12（１９２３）年には完全に撤退してしまう。なお、圭造は、海運業のほか、田園都市株式会社や目黒蒲田電鉄株式会社、東京横浜電鉄株式会社等の取締役などをつとめ、貧しい人々への寄付にも積極的であったという。

写真 1-4　天王洲アイル（旧第４台場）

旧第４台場の跡。天王洲アイル、シーフォートスクウェアのボードウォークを散歩すると、とんがった先端に着く。このとんがりこそが第４台場の面影である。なお、第４台場の石垣は現在、ボードウォークの護岸に再利用されている。（筆者撮影）

⑷ 東京水上警察署の見張所 ― 第5台場 ―

第5台場に設置された東京水上警察署の見張所も、なかなか数奇な運命をたどっている。

ここに見張所が建てられたのは、関東大震災の後、復興事業によって東京内湾に出入りする船舶が急増し、船舶の運航管理が必要となったためであった。見張所は昭和8（1933）年9月に建て替えられ、総建坪44坪（145平方メートル）の鉄筋コンクリートの立派な建物となる。その後、太平洋戦争の激化によって東京港を利用する船舶が激減すると見張所は廃止され、戦後は一時期を除いて、長く空き家となっていた。

しかし、戦後の経済復興にともない東京港を利用する船舶が急増すると、空き家となっていた見張所は、昭和30年から第五台場警備巡査派出所として業務を再開する。ところが、その頃より、第5台場の周辺では品川埠頭の埋め立て工事が開始されており、昭和37年には品川埠頭建設の邪魔になることから派出所が撤去されてしまう。派出所はその後、転々とするが、昭和51年3月に東京電力品川火力発電所前へ移り、東京湾岸警察署第五台場交番として現在にいたっている。

写真 1-5　品川埠頭（旧第５台場）

第５台場があった付近からのぞむお台場の風景。第１台場と同様、第５台場も品川埠頭に埋没しており、当時の面影を残すものは何もない。（筆者撮影）

写真 1-6　東京湾岸警察署第五台場交番

品川埠頭の入り口にある東京湾岸警察署第五台場交番。品川埠頭の北側にあった第５台場とは位置がずれているが、第５台場の名前を残している。（筆者撮影）

(5) 東水園 ── 第1・5台場 ──

読者の中には、この東水園《とうすいえん》という言葉を聞いたことのある方がいるかもしれない。

東水園とは、第5台場に設けられた戦災孤児のための施設である。終戦の翌年の昭和21年9月、東京水上警察署は空き家になっていた第5台場の見張所を、戦災孤児の収容施設として利用することに決めた。この施設は東水園と名づけられ、孤児達が悪さをしないよう規則正しい生活を身につけさせることを目的としていた。なお、子供たちの食糧は米軍から提供されたという。

しかし、東京水上警察署の予算内で施設を運用することは難しかった。そのため翌年には、児童たちは戦災救護会に委嘱され、東水園は第1台場へ移される。ところが、昭和25年9月にキティ台風が日本を襲うと、東京は大きな被害をうけ第1台場にあった東水園も全壊してしまう。こうして、東水園はその短い活動を終え、児童たちは東京都民生局の若葉寮へ移っていった。

孤兒の天國
お台場に東水園

川沖御台場に孤兒の天國が生れる—芝浦岸壁から八百八十米の海上にある第五号台場が解放された、黒船防衛、密航発見・海洋遊撃戦機見張り…徳川、大正、昭和と續いたお台場の歴史も古き時代の夢と消え、四階建の元水上署の見張所には「東水園」の看板も新らしく、十五日から戦災孤兒十五名が収容され高輪水上署長が園長兼戸主の役を引受けた、浮浪兒の「島流し」問題が討議されてゐる折から、その成果に期待がかけられてゐる【寫眞は お父さん署長の訪れを待ち わびる戦災孤兒】

署長が園長で戸主
合言葉"もう逃げないよ"

芝浦に米軍の物資集積所ができると上野、新橋各地の浮浪兒約三百名が集り窃盗、賭博、盗品の故買、飲酒——一帯は悪の街となり、七月以來八十八名の犯罪者が水上署に検挙された、この犯罪防止に頭を悩ました署長がお台場利用の一案をたて、先月廿六日の都議會、區との會議で実現し、一行は留置場から島に移つた、脱走八回、白米一斗の闇で千円を手に山形で温泉生活としやれた四人組、大阪、福島、茨城などの他縣兒もまじへて最高十八歳から十三歳までの男の子ばかり"署長サーン"船をみつけて子供たちは大喜びとなつた、がらんどうした見張所の一階はお巡さんと子供たちの徹夜突貫作業で二十疊と八疊の二部屋に改造された、署長が戸主になつて家族十五名の配給の手續きもすんだし、飲料水の補給も沖を通る汽船に"オーイ"と合図をすればわけてもらへる仕組になつてゐる

新らしい疊、毛布や布團は井手京橋區長から新世帯への贈りもの、ガス燈のほやもみがかれ、花びんにはお台場名物ススキをかざり、部屋の掃除も満点、夜具の下から「寝押し」のきちんとついた配給服をとりだして身仕度をとゝのへさつと整列する

彼ら「もう逃げないヨ」が合言葉である、いつさいの新生活設計は子供たちが合議できめた六時の起床から八時の消燈まで休憩、作業、自習、座談など年長で信頼のある山口清君(一八)を班長につくられた、日課表も壁にはつてある、面積五千六百坪のお台場をどしどし開墾して野菜をつくる計畫、山羊や鶏、兎を放し飼ひにする予定表もできてゐた、一班が作業にかゝれば他の一班は流木拾ひ、また一班は海に糸をたれて魚釣り、貝拾ひに嬉々として働き献立も自炊も當番制で"島流し"などといふ気分はどこにもない

月一回の映畫や演劇や、週一回水上署の理髪屋さんもくるし、防犯課のお巡りさん七名は毎日こゝで宿直して、むかしこわかつたオヂサンもいまはやさしい父がはりで、腕ずもうや訓育のお話相手だ、そこに愛がある、ボクらの天國だ

心細い都の入荷量

東京裁判

太平

図 1-8　昭和 21 年 10 月 25 日付『朝日新聞』朝刊
東水園の開園を報じている。子供たちは見張所を自分達で住居に改造したという。

写真 1-7　品川埠頭（旧第 1 台場）
第 1 台場があった場所の現在の風景。現在、第 1 台場は品川埠頭内のコンテナ置き場になっており、当時の面影を感じさせるものは何もない。（筆者撮影）

(6)　第3台場と第6台場

ここまで、いくつかの品川台場の明治以降のあれこれを取り上げてきたが、それらは東京湾の埋め立て工事によって、今はもうない。現存する品川台場は、先にふれたように、第3台場と第6台場のみである。それでは、なぜこの2基の台場は残ることになったのだろうか。最後に、その経緯をみてみよう。

大正3（1914）年、東京市は第3台場と第6台場を陸軍省から譲り受けた。とはいえ、これは史跡として残そうとしたためではない。もともとは、ゴミの焼却場として利用しようと考えていたのである。しかし、大正8（1919）年に「史跡名勝天然記念物保存法」が定められると、東京市は品川台場の史蹟的価値をアピールするようになる。

結局、第3台場と第6台場がゴミ焼却場として利用されることはなかったようだ。大正12年に関東大震災がおきると、史跡保存の重要性は一層強く認識されるようになり、大正15年10月にこの2基の台場は国の史跡として指定されるのである。

第3台場は関東大震災の影響で、台場内の陣屋が壊れるなどの被害を受けていたが、昭和4（1929）年7月には、台場内の整備も終了し、東京市の公園として一般に開放された。ただし、そのころは現在と違って陸続きではなく、第3台場へいくには船を使わなければならなかった。昭和14年ころまで、第3台場は夏になると「お台場海水浴場」として活況を呈し、品川や芝浦などから乗り合い船がだされていたという。

一方で、第3台場と同時に国の史跡指定を受けた第6台場の取り扱いは、第3台場と大きく異なっていた。第6台場は、原形のまま保存されることとなったのである。そのため、第6台場は現在も立ち入り禁止とされている。

4 消えゆく品川台場

明治もすすむと、東京湾をめぐる様相も大きくかわる。

開国して以来、日本の玄関口は長く横浜港であった。しかし、東京が日本経済の一大中心地として発展をはじめると、東京湾に出入りする船舶が激増するのである。そのため、東京港の築港を求める声が高まる。その歴史は古く、明治13（1880）年に東京府知事松田道之が「東京築港建議」を提唱したのが始まりであった。

ただし、東京港の築港は容易ではなかった。品川台場の周辺はもともと、隅田川の流しだす大量の土砂によって水深が浅い海であったためである。だからこそ、台場を築くのが容易であったわけだが、水深が浅いままでは大型船舶がはいってこられない。そのため、東京港を築港するには大規模な整備工事が必要だったのである。

日本の新たな玄関口として東京港が開港するのは、太平洋戦争の開戦を間近にひかえた昭和16（1941）年5月のことである。

このような東京湾をめぐる様相が大きくかわるなかで、品川台場は次々と姿を消していく。まず、大正14（1925）年に目黒川の改修工事が始まると、浚渫《しゅんせつ》された土砂の処理のため御殿山下台場の周辺が埋められ姿を消す。また、第4台場もこの事業により姿を消した。

さらに戦後になると、東京港の整備にともなう埋め立て工事は一層すすみ、まず第2台場が東京港へ往来する船舶の障害となったため撤去されてしまう。撤去工事は昭和28年に始まり同36年末に完了した。なお、石垣の一部は現在、晴海ふ頭公園に利用されている。つづいて第1と第5台場も、昭和31年に東京都が策定した「港湾計画」にもとづき品川埠頭の埋め立て工事がおこなわれると、その一部として埋め立てられてしまう。最後に、「崩れ台場」として格好の漁場であった第7台場も、東京都が策定した「東京港改訂港湾計画」にもとづき昭和40年から13号地の埋め立て工事が開始されると、撤去されてしまった。

東京が江戸と呼ばれていたころ、品川沖は江戸を守る最終防衛線であった。そのために品川台場は築造されたのである。しかし、江戸から東京へと街の名がかわると、東京湾のもつ意味も大きくかわり、東京港は日本経済の最先端地となっていく。こうして、江戸を守るために築造された品川台場は、第3と第6台場を除き、その姿を消してしまうのである。

注

注1　本庄栄治郎「徳川幕府の財政について」『経済論叢』第23巻第3号　1926年　33頁
注2　岡村金太郎「台場通宝」『武蔵野』第18巻第4号　1932年　20頁
注3　田中啓文「『台場通宝』について」『武蔵野』第19号第1巻　1932年　7頁
注4　「回議録」明治十五年・地理課　東京都立公文書館蔵
注5　「官有地之分貸渡ニ係ル回議録　第二号」明治十六年・地理課　東京都立公文書館蔵
注6　「回議録　拝借願」明治十八年・地理課　東京都立公文書館蔵

参考文献

勝安房編『陸軍歴史』上巻　陸軍省　1889年
東京市公園課編纂『東京の史蹟』厚生閣　1925年
東京市保健局公園課編『品川台場』東京市　1927年

品川町役場『品川町史』上巻　品川町役場　1932年
『日本郵船株式会社五十年史』日本郵船　1935年
『緒明圭造翁を偲ぶ』慈航会　1938年
『品川台場調査報告書』品川区教育委員会　1968年
『東京都内湾漁業興亡史』東京都内湾漁業興亡史刊行会　1971年
東京水上警察署史編纂委員会編『みなとと百年』警視庁東京水上警察署創立百周年五団体行事
　実行委員会　1979年
原剛『幕末海防史の研究』名著出版　1988年
『東京港史』第1巻　通史（各論）東京都港湾局　1994年
佐藤正夫『品川台場史考』理工学社　1997年
浅川道夫『お台場』錦正社　2009年
同『江戸湾海防史』錦正社　2011年

第2章 湾岸の新副都心

—その誕生と成長—

大阿久　博

1　江戸から始まったお台場

本章では臨海副都心地区の埋め立て・開発計画の歴史、特に1980年代以降の臨海地域開発が急速に推進されることとなった背景、また同地域が東京の観光名所としてどのように成長してきたか、について概観する。ゆりかもめが乗客を乗せ優雅に湾岸を滑り、大観覧車は東京湾を見下ろすようにそびえ、ドラマ「踊る大捜査線」で主人公の織田裕二が「事件は現場で起きているんだ‼」と叫んだ、そんな「現場」は様々な難題を抱え、紆余曲折を経て現在に至ったのである。(注1)

この地区の埋め立ての始まりは、第1章にもある通り江戸時代にさかのぼる。江戸時代にはこの近辺の地域は、水路として物流に利用され、また娯楽施設も整った市民の生活・遊びの場でもあったようであるが、「百数十年のその歴史の中で、2度のつらい思い出をもっている場所」(武藤、2003年、27頁)でもある。1つは2011年3月11日に東北地方を襲った東日本大震災から思い起こされる関東大震災である。1923年9月1日に神奈川県相模湾北西沖を震源とする地震(マグニチュード7・9)が発生、関東全域、特に東京では台東区・墨田区に大きな被害をもたらした。東日本大震災の犠牲者の多くは津波によるものであったが、関東大震災のときは地震による建物の崩落と同時多発的に発生した火災による犠牲者が多かった。逃げ場を求めた人々が、隅田川に飛び込んだが、不幸にも多くの方が助からず、遺体となって流れ着いたのが現在の台場地区近辺である。2つめは第2次大戦である。1945年、アメリカ軍の焼夷弾による東京大空襲によって発生した火災を逃れようと、多くの人々が関東大震災の時と同様、隅田川で命を落とした。この2度の不幸な出来事での犠牲者を弔うために、隅田川河口に位置する台場公園の近くに「関東大震災、東京大空襲　犠牲者慰霊碑」が建てられている（1995年、写真2-1）。

写真 2-1　関東大震災、東京大空襲　犠牲者慰霊碑
（筆者撮影 2011 年 8 月 23 日）

2　臨海副都心の開発ストーリー

現在の臨海副都心は、もともと東京湾埋立地10号地（江東区有明）、13号地（港区台場、品川区東八潮、江東区青海）と呼ばれていた地域を中心に、新宿、池袋、渋谷、上野・浅草、錦糸町・亀戸、大崎に続く第7番目の副都心として開発が進められてきたエリアである。

開発予定の総面積は442ヘクタールで、そのうち道路・公園等の公共施設が232ヘクタール、業務・商業・住宅用地などが194ヘクタール、また防災拠点用地として16ヘクタールがとられている。

公共施設に含まれる公園・緑地面積は119ヘクタールであり、これは開発面積全体の3分の1弱になる。東京湾に臨む水と緑豊かな地に、7万人が働き、4万2000人が暮らす「まち」を目指し開発が進められている。

開発計画は、大きく4つの地区――台場地区（港区・品川区）、青海地区（江東区・品川区）、有明北地区（江東区）、有明南地区（江東区）――に分かれて行われている（図2-1）。

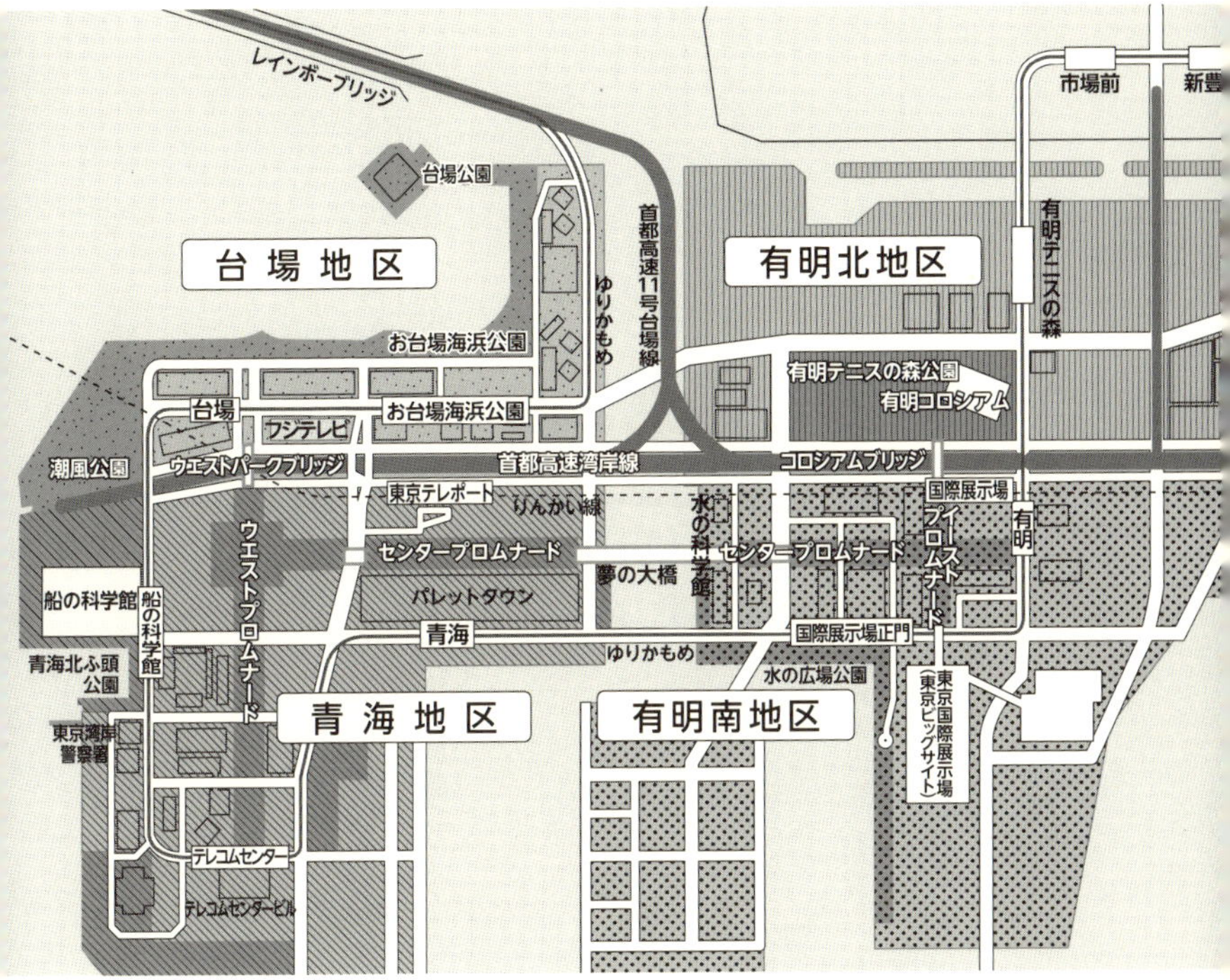

図 2-1　臨海副都心 4 地区

（東京都港湾局『ようこそ臨海副都心キャンパスライフ編』（2011 年）をもとに筆者作成）

東京都港湾局の「まちづくり推進計画」によると、各地区の開発についてはその特徴を活かすとしており、次のようにまとめられる。

・台場地区（77ヘクタール）…海浜公園沿いにシーサイド商業ゾーン、南側に業務・商業複合ゾーン、海浜公園東側に眺望豊かな都市型住宅を配する。

・有明北地区（141ヘクタール）…居住・商業・業務機能を併せ持つ「住宅中心の複合市街地」を形成する。

・青海地区（117ヘクタール）…広域型の商業・業務施設を配し「観光・交流を中心としたまち」を形成する。

・有明南地区（107ヘクタール）…国際展示場を中心とした国際コンベンション機能を有し、防災支援拠点としての機能も整備する。

これらの4地区が3つのプロムナード（センタープロムナード、ウエストプロムナード、イーストプロムナード）で結ばれ、全域にわたって散策を楽しんだりできるような設計になっている。

また、開発の基本方針として次の3つがあげられている。

(a)　生活の質の向上・自然との共生…すべての世代が豊かな生活がおくれる「職」・「住」・「学」・「遊」のバランスのとれた複合的「副都心」を目指す。水と緑に囲まれた省資源・省エネルギーのクリーンな環境を実現する。

(b) 世界との交流・未来への貢献…臨海地区の立地特性を活かし観光地として、また、ひと・文化・情報の国際的交流を生み出すまちとして機能させる。

(c) まちづくりへの貢献…交通混雑など都市の抱える問題を解決し、自然災害にも強く、他地域の災害対策活動の支援基地としての機能も持たせる。

全開発プロセスは10年をひとつのタームとして以下の4期に分けられており、2015年までに都市基盤整備、広域的交通基盤整備をほぼ完成させることを目指している。

第Ⅰ期　〜1995年
第Ⅱ期　1996年〜2005年
第Ⅲ期　2006年〜2015年
第Ⅳ期　2016年〜

ここでは、人々が集う副都心として発展し始める先駆けとなった「船の科学館」が建設された1974年から、臨海副都心の開発の歴史を追っていくことにする。

（1）　第Ⅰ期（～1995年まで）

前述の通り、東京港埋め立ての歴史は長い。その間にどのくらい東京港の海岸線が変化してきたかが図2‐2より見て取れる。この図は1906年（明治39年）とその100年後の2007年の東京港を比較したものである。この100年間に、千代田区・中央

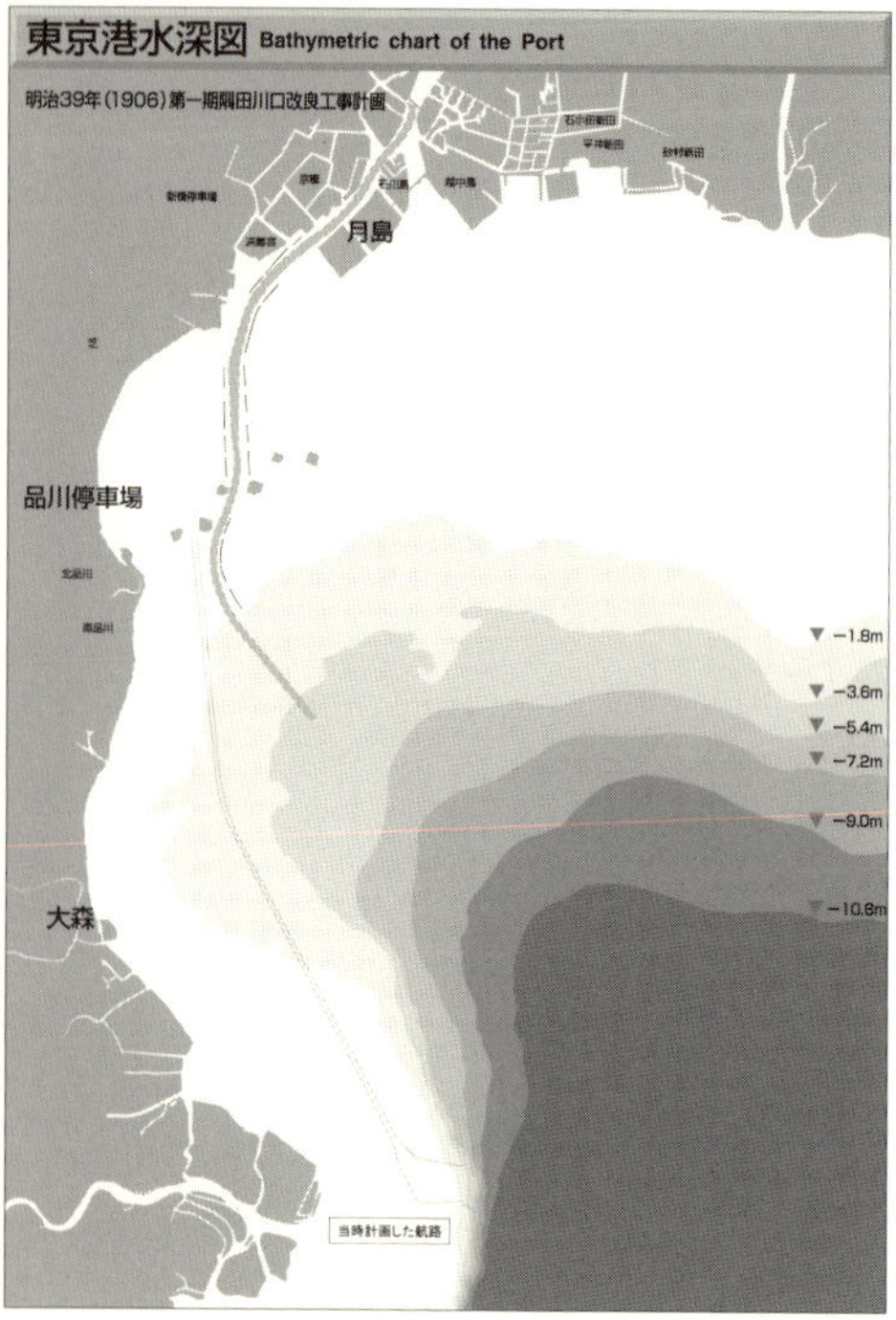

図 2-2-a　東京湾水深図 明治 39（1906）年
（東京みなと館（東京都港湾振興協会）『東京港埋立のあゆみ』より引用）

区・港区・新宿区の4区に相当する面積5735ヘクタールが造成された。(注2)

1974年（昭和49年）に船の科学館がオープンした。長い歴史を持つこの埋立地も、実際は船の科学館がオープンするまで市民の注目を集めるような建造物はほとんどなく、一帯はほとんどが建設「予定」地といった状況であった。(注3) こうしたことからこの地区は「埋め立て地という人工的な立地でありながら、40年近く人の手が加わることなく放置されてきたことから、不思議な自然が醸成されており、都心のすぐそばとは思え

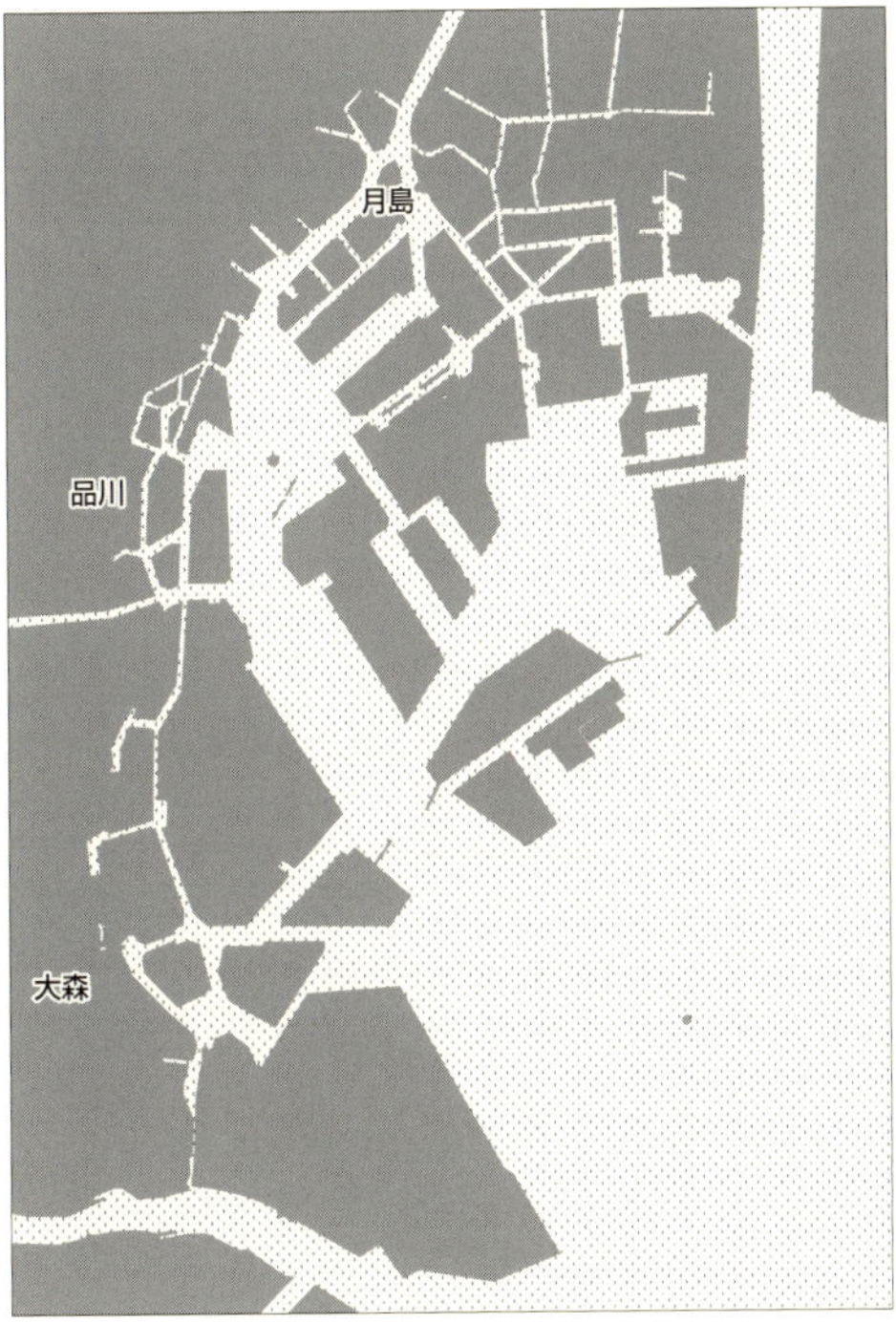

図2-2-b　東京湾の陸地化

aとbを見比べると、水深の浅い部分が100年間にどれほど陸地化したかが見てとれる。

（東京都港湾局『臨海副都心のまちづくり Creating the Waterfront City』をもとに筆者作成）

ない雰囲気」（武藤、2003年、206頁）を醸し出していた。

その後1982年には「東京都長期計画」が策定され、その中で「株式会社ゆりかもめ」が計画事業に位置づけられた。これは臨海地区と他の都心・副都心とのアクセスを容易にすると同時に、のちには後述の「世界都市博覧会」や「東京オリンピック」が開催された際の旅客輸送手段として期待されることになる。1985年4月には「東京テレポート構想」が発表された。この時点では情報発信拠点の開発といった程度の構想で、この地域に一大副都心を作るという発想には至っておらず、開発規模も40ヘクタール程度の計画であった。しかしそのわずか2年後に策定された「臨海副都心開発基本構想」では、開発規模は一挙に440ヘクタールへと拡大されることになる。

ちょうどこの頃から東京都の商業地および住宅地の地価の急激な上昇が始まり、それをさらに煽ったのが1985年に国土庁（現国土交通省）がまとめた首都改造計画である。そのなかで国土庁は、東京23区では2000年までにオフィスの新規需要が5000ヘクタールにも上ると過大な見積を発表した。その2年後には新規需要は1600〜1900ヘクタール程度と大幅に下方修正されたのだが、最初に発表された5000ヘクタールという数字のインパクトが強く、土地投機を過熱させてしまったのである。（注4）また、この時期は、「プラザ合意」（1985年）以後の円高対策として低金利政策が採られて、「超」低金利のもと、ダブついた大量の資金が株式市場・土地市場へ流入し株価・地価の暴騰を招いたいわゆるバブル経済へと繋がり、「サラリーマンは一生働いてもマイホームは持てない」という事態にまで至ることになる。(注5) また情報化・国際化が求められる時代になり、オイルショック後には落ち着きを見せていた東京への一極集中が再燃しだしたのもこの頃である。

この結果、都心部では深刻なオフィス不足が生じることになった。東京都にとってオフィス供給が緊急の課題となり、「第二次東京都長期計画」(1986年)により「副都心」としての位置づけが明確化された臨海部にオフィス用地が求められることになった。当時の中曽根内閣は所謂「民活化」を推進しており、臨海地区の開発に注目していた。その開発規模の大きさからも国(各省庁)と地方(東京都)および民間が利権を争うことになったが、鈴木都知事は「関係省庁等の意見を聞きながら、(中略)全体としては自治体が主体となって進める」(平本、2000年、74頁)と東京都の立場を強調し、最終的には都の主導で開発が進められることになった。

主導権を握り開発計画を進める一方、鈴木都知事は計画推進の起爆剤として「世界都市博覧会」開催を計画する。鈴木氏は1970年の大阪万博の際には日本万国博覧会協会事務総長を務めており、予てより東京での万博開催に大きな関心を寄せていた。それを後押ししたのが大阪万博で建築プロデューサーだった丹下健三氏である。丹下氏は万博のみならず臨海副都心開発計画自体にも強い関心をもっていたようである。(注6) 1988年12月に第1回目の東京世界都市博覧会基本構想懇談会（後に「東京フロンティア」に変更）が開催され、座長に選出された丹下氏は計画プランを提案した。丹下氏のプランは、現在の環境に優しい緑あふれるプロムナードとは正反対の「コンクリートの人工地盤で覆いつくされた」（平本、2000年、98頁）ものであった。この丹下プランはコンセプトの点でもコストの面からも支持が得られず、実現しなかった。もし実現していたら、臨海副都心は現在の姿とは全く違った様相を呈していたであろう。

バブル経済絶頂期の1989年4月に「臨海副都心開発事業化計画」が策定された。計画では都市基盤整備に概ね4兆円必要とされ、それを賄いかつ地価高騰を抑える土地供給策として「新土地利用方式」(注7)が採用された。しかしこの方式自体が土地神話を前提としたものであり、後に見直しを余儀なくされる。

1990年6月に臨海副都心地域第1回進出企業の公募が行われ、同年11月に応募108件に対して14件の当選企業・グループが発表された。(注8) しかし、このころにはすでにバブル経済の崩壊が始まっていた。バブル崩壊によって、当初プロジェクトの採算が怪しくなった進出予定企業は計画の再検討を余儀なくされた。進出に消極的になっていく企業に対して東京都も権利金・地代の引き下げなどで対応したが、それでも進出を見送る企業が出てきた。

東京都と進出予定企業の間ではこうした駆け引きが続けられていたが、1993年8月に港区芝浦と台場地区を結ぶレインボーブリッジ（高速11号台場線）が開通する。この全長798メートルにおよぶ吊り橋は、上下2層構造になっており、上層は首都高速の渋滞の緩和を目的とした自動車道、下層には歩道も設けられ、歩きながら臨海副都心の景観を楽しむことができるよう設計された。開通後この橋は「お台場」のPR活動に欠かせないシンボルになった。

一方、1988年頃から開催が検討されてきた「東京都市博覧会」であるが、バブル崩壊後の不況のまっただ中で計画が進められることになった。1990年にはTOKYOの「T」とFRONTIERの「F」を融合させたシンボルマーク、1993年にはマスコットキャラクターが作成されている。(注9)

しかしながら深刻な不況を反映し、開催規模は大幅に見直され、当初の「3000万人入場、300日開催、30万人宿泊といったゴロ合わせのような」（平本、2000年、167頁）計画は、目標入場者数2000万人、開催日数204日（1996年3月24日~10月13日）に縮小された。また都市博参加を希望する企業・グループ数も極めて低調であった。建設業界などには東京都から再三に渡って参加要請が行われたが、企業側にはそうした要請を受け入れる余裕はなかった。最終的にはもともと臨海副都心開発に関して関係の深かった省庁に参加協力を仰ぎ、民間企業・グループ、東京都、省庁合わせ19あまりのパビリオンが出展されることになった。

様々な問題を抱えつつも、都市博は臨海副都心開発の広告塔として期待され、その成功が以後の開発計画を大きく後押しすると考えられた。工事も着々と進められたが、この博覧会はあっけない幕切れを迎えることとなる。

1995年4月、鈴木都知事の任期満了に伴い知事選挙が行われた。主な候補者は、鈴木都政の継承を掲げた元内閣官房副長官の石原信夫氏、前島根県出雲市長の岩国哲人氏、経営コンサルタントで平成維新の会を立ち上げた大前研一氏、そしてタレントで知名度抜群の参議院議員の青島幸男氏などである。なかでも石原氏は自民・社会・公明・

シンボルマーク　　マスコットキャラクター

図2-3 都市博のシンボルマークとキャラクター

（『世界都市博覧会　東京フロンティア―構想から中止まで―』㈶東京フロンティア協会、㈱ぎょうせい、1996年より引用）

民社などの推薦をうけ、当初圧倒的有利が予想されていた。このときの知事選では、世界都市博覧会開催と東京臨海副都心開発計画が争点にあげられた。有力候補の石原氏は都市博推進の立場を取っていたが、勝ったのは世界都市博中止、臨海副都心計画の全面的見直しを選挙公約に掲げた青島幸男氏であった。(注10)

都市博開催に向け奔走していた関係者たちは、この選挙結果を複雑な思いで受け止めた。住友グループの一員として臨海副都心開発・都市博に関わってきた武藤吉夫氏は、「青島氏が「生まれてこのかた、臨海副都心の計画地に行ったことがない」とあるテレビ討論会でしゃべっているのを耳にしたことがある。現場を見たうえで発言するならまだ許せるが、現場を見もしないで発言するというのは、都知事を目指す人間の言葉としては許せないものだった」(武藤、2003年、55–56頁)と綴っている。開催予定日まで1年を切っていたが公約通り、世界都市博は中止となる。しかしこの都市博中止の決定が、皮肉にも「お台場」を有名にすることになる。

一方、青島都知事が「都市博中止」とともに公約に掲げた「臨海副都心計画の全面的見直し」であるが、都議会では「抜本的見直し派」と「現行推進派」の意見が真っ向から対立し、最終的には現行推進派の案に近い形で決着した(1996年4月臨海開発懇談会・最終報告)。青島氏の知事選立候補時の見直し構想は、「すべての開発計画を取りやめ、〈自然の森〉を造る」（武藤、2000年、56頁）という極端なものであったが、こちらについては公約を果たせなかったことになる。

1995年11月、都市博開催の際には来客者の主な輸送手段として期待されていた「ゆりかもめ」が開通した。1995年の予定された1日平均の利用者数は2万9000人であったが、肝心の都市博が中止となり、この予想値は実現不可能と思われた。しかし、「お台場」の知名度が上がったことから意外な人気を呼び、結局この年の1日当たりの乗車人数は、ほぼ予想通りの2万7000人強であった。ゆりかもめの利用者はその後も順調に増え、2010年では年間約3650万人、1日当たりでは10万人以上の人が利用している。(注11) ゆりかもめの魅力は何と言っても、そののんびりとした走りと眺望の豊かさである。東京の鉄道につきものの通勤の足といったイメージがなく、レインボーブリッジ・都心の高層ビル群から海へと広がる風景をゆったりと楽しめる。

この第I期は、臨海副都心開発計画における波瀾万丈の期間で、都市博も含めバブル絶頂期の楽観的計画がバブル崩壊により実行困難になり、開発計画そのものが不安視された時期である。しかし都市博中止で却って人々の注目を集めるようになり、第II期では、この地が東京の新たな観光地として見直されることになる。

(2) 第Ⅱ期（1996年〜2005年）

1996年3月、新木場―東京テレポート間で臨海副都心線（2000年9月より「りんかい線」に改称）が開業する。この線は、都市博開催時には「ゆりかもめ」だけでは客輸送能力に限界があり、それを補うべく計画されたものであった。同年7月には大型商業施設「デックス東京ビーチ」が開業し、臨海副都心は、2本の鉄道が乗り入れ、海（自然）と高層ビル群の風景を堪能でき、ショッピングも楽しめる身近な観光地に育ってきた。さらに、「お台場」の人気を決定づけたのが1997年4月に完成した球体展望台が印象的なフジテレビ本社屋である。建物自体が注目を集めたのに加え、同社系で放映されたお台場を舞台としたドラマ「踊る大捜査線」（1997年1月〜3月）が大ヒットしたことなども観光客獲得に一役買った。(注12) 1997年のゴールデンウィークの人出は、東京ディズニーランドが53万人であったのに対して、臨海副都心地域は95万人にも上った。東京はもともと浅草、原宿・青山、秋葉原、皇居、東京タワーなど多くの観光スポットを持っているが、「お台場」は極めて短期間にそれらに勝るとも劣らないスポットに成長したのである。

1998年4月にはお台場海浜公園に自由の女神像が設置され、(注13) また1999年8月には青海地区の大規模娯楽施設パレットタウンのMEGA WEB(トヨタ自動車の展示ショールーム)、大観覧車などが開業し、また新たな臨海副都心のシンボルが誕生した。(注14)

公約である「都市博中止」を実現した青島都知事であるが、それ以外に目立った実績はあげられぬまま、1999年4月の都知事選には不出馬を表明した。新都知事に就任したのは石原慎太郎氏である。このときの都知事選では、過半数の候補者が「臨海副都心はすでに東京の重要な観光スポット」であることを認めており、開発計画の是非が選挙の争点になることはなかった。

臨海副都心は「職」・「住」・「学」・「遊」のバランスのとれたまちづくりを目指している。「遊」については、上述のとおり、観光地として人気が上昇してきた。また、2002年9月にパナソニックセンター東京、2005年1月には サントリー本社ビル竣工と、有名企業も進出し「職」の場としても広がりを見せ始めたのが、この第Ⅱ期である。

(3) 第Ⅲ期(2006年~2015年)および第Ⅳ期に向けて

開発計画の第Ⅲ期には教育施設の誘致整備が計画されている。2012年4月現在、中学・高校・大学等がすでに開校・開学しており、「学」の面での充実が進んでいる（図2−4参照）。

また、2006年3月の都議会では2016年オリンピック開催招致が決議され、競技会場として有明テニスの森、お台場海浜公園、潮風公園、東京ビッグサイトが予定され、また、江東区有明に選手村が建設されることとなっていた。2009年に落選（開催地はリオデジャネイロ）が決定するも、都知事選で4選を果たした石原慎太郎氏は再び2020年の立候補を表明した。

2009年7月に潮風公園で行われたGREEN TOKYOガンダム

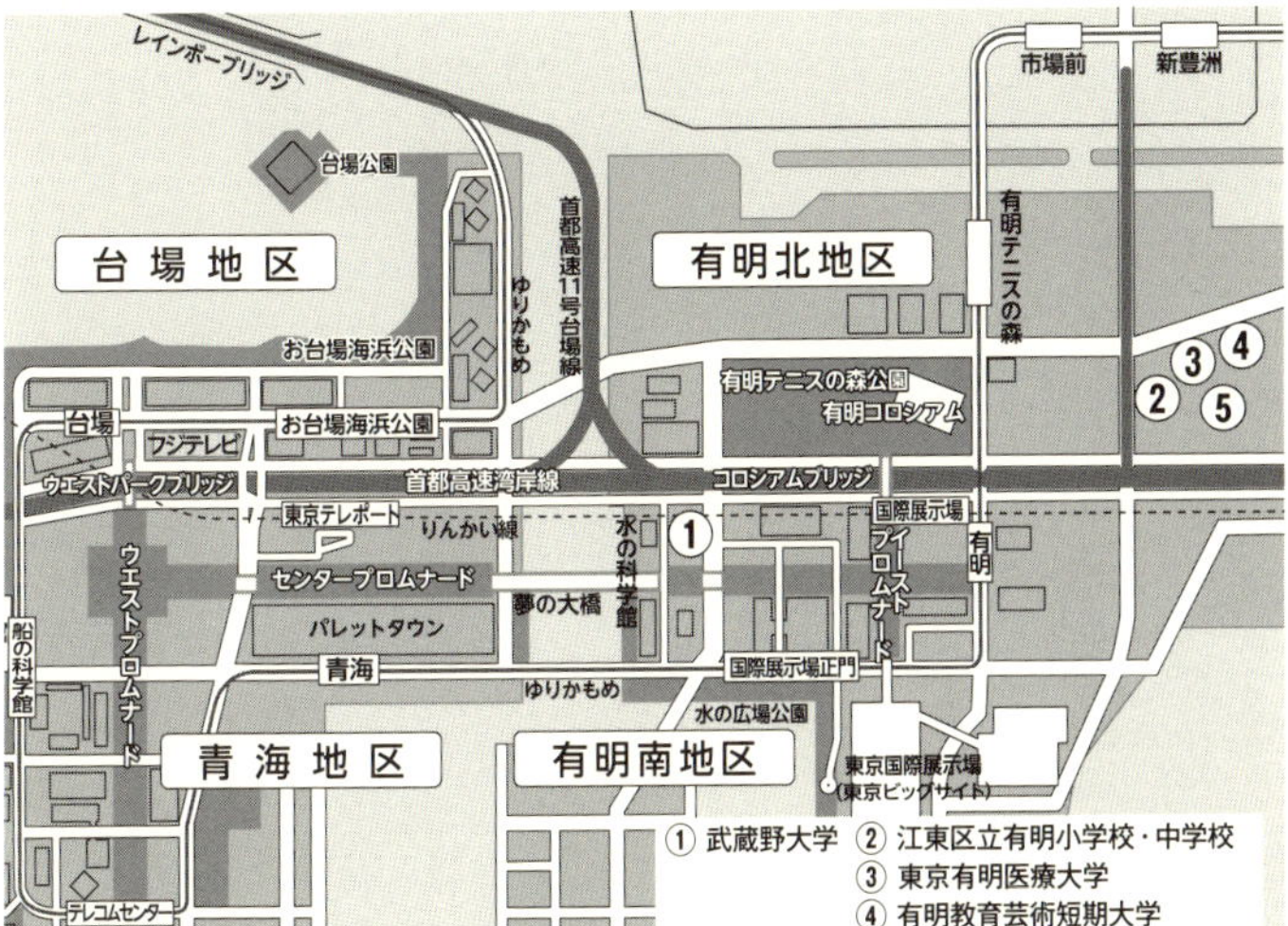

図2-4　臨海副都心の「学」の開発
（東京都港湾局『ようこそ臨海副都心キャンパスライフ編』(2011年）をもとに筆者作成）

プロジェクトも記憶に新しい。これは「緑あふれる都市東京の再生」をテーマにしたプロジェクトで、シンボル・キャラクターとして人気アニメ「ガンダム」を採用、実物大の模型が展示され人気を博した。7月11日から8月31日までの52日間開催され、約415万人を動員した。(注15)

しかし現実の経済状況に目を向けると、リーマン・ショックに端を発する景気低迷の影響は大きく、臨海副都心地区への企業進出は思うようには進まない状況であった。こうした状況を憂慮した東京都は、2010年10月、青海地区・有明地区の一部の価格を7〜8パーセント引き下げる決定を行った。(注16)

一方、2012年2月12日には新たな観光名所として期待される東京ゲートブリッジが開通した。この橋はレインボーブリッジの約3倍の長さで、近隣に羽田空港があることから高さの制約を受け、またの船舶運航のため下からの制約もあり、2匹の恐竜が向かい合うような独特な設計が採用された。(注17)

第Ⅲ期も半ばを過ぎ、当初予定された完成年まであと4年余りである。この期は観光地としての人気が定着してきたことに加え、「学」「住」の面でも充実が図られている期間である。2010年の段階で、来訪者数は年間4800万人、就業者数4万7000人、居住者数1万1000人となっている。(注18)ここ2、3年を見ると来訪者、就業者数はやや頭打ちの状況であるが、居住者は確実に増えてきている（図2–5）。「職」・「住」・「学」・「遊」のなかで「住」に関してはやや出遅れ感があったが、もともと居住地の核として計画されていた有明北地区を中心に急速に住居地整備が行われてきたことがこの図から推測される。

今後、有明地区と汐留・虎ノ門が直結される環状2号線が全面開通する予定もあり、交通の面でますます利便性が増すといったプラス材料もあるが（注19）、東日本大震災の後遺症や世界的な景気減速、円高が企業進出、居住者数の増加等にどのような影響を及ぼすか、先行きは依然不透明である。

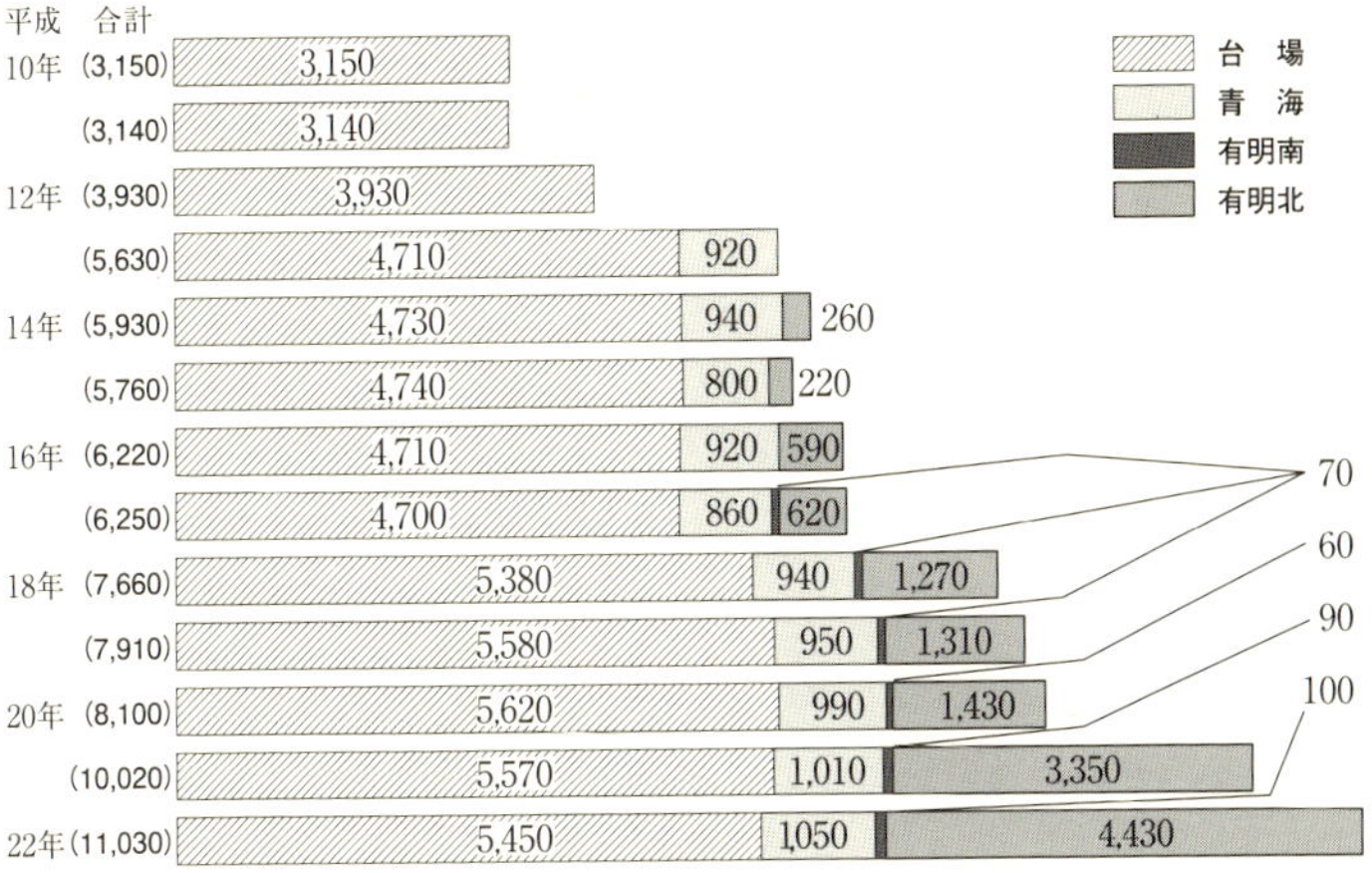

図2-5　居住者数の推移

（東京都港湾局『数字で見る臨海副都心』（2012年2月15日閲覧）により筆者作成）

3　臨海副都心開発計画の問題点・今後の課題

まず大きな問題として、東京都の財政に与えた影響があげられる。現時点で考えると無謀ともいえるバブル期の計画等が災いし、「埋立費用、都の他会計からの借入金、予定以上の都一般会計支出によるインフラ負担、第三セクターの破産による損失等合計すると1兆円をはるかに超える損失があった。（中略）損失だけが納税者に転嫁されていった」（『地域開発』大西、２００９年、1頁）状況になっている。今後厳しい経済状況の中、いかに土地処分を推進し、財政健全化を図っていくかが問われている。

財政以外では、臨海副都心計画の「職・住・遊・学が有機的に結び付き複合的に発展するまち」というコンセプトの抱える問題として、これら4つの要素が互いに牽制しあい、中途半端になりかねない恐れが指摘されている。例えば「学」と「遊」が隣接しているため、おのずと遊戯施設には制約が加わってくる。しかしこの地は大学や研究所、一般の民間企業が共生する地でもあり、新たな産学連携を模索し、筑波研究学園都市のような郊外に展開されてきたものとは異なる、情報・人の集まる副都心としての特性を活かした研究学園地区として発展していくことも期待できるかもしれない。

また「職・住」については、ポイントとなる交通網の整備がまだ十分とは言えないが、道路・鉄道に限らず、水上交通（海上バス等）も加えることで、この地に特有の利便性の高い多様な交通網の構築も可能である。都心部とのアクセスがさらに便利になっていくことを前提とすれば、眺望が豊かで教育機関等も充実してきており、さらに治安の面でも安心であることから、埋立地としての地盤の脆弱さが懸念されるところではあるが、その点さえクリアされれば「住」の場としてもかなり魅力的な場所になるのは確かである。いずれにせよ、臨海副都心の「まちづくり」は、短期的な経済状況の変化に晒されながらも、「ビジネスの場」（第4章参照）、「観光地」、「先進的な都市型住宅地」、また「都心型の研究学園地区」、さらには自然災害に対する「防災拠点地」（第8章参照）といった異なる特性をどのように共存、発展させていくか、中・長期的展望に立った十分な検討が今後も必要である。

注

注1　臨海副都心の開発の歴史は『臨海副都心物語』（平本一雄、中公新書、2000年）と『お台場物語』（武藤吉夫、日本評論社、2003年）に詳しい。著者は2人とも実際の開発計画に携わっており、バブル経済の発生と崩壊、国対地方の対立、都知事交代による計画変更など、様々な難局を乗り越え計画実現を目指す当時の関係者達の生々しいやりとりが克明に記されている。本稿もこの2著に負うところが大きい。
　また、『地域開発』通巻538号（財）日本地域開発センター 2009年）では特集「東京臨海副都心開発のこれまでとこれから」が組まれおり、都の財政状況などが詳しく分析されている。

注2　東京都港湾局『PORT OF TOKYO 2011 東京港開港70周年』2011年

注3　こうした意味では「船の科学館」は臨海副都心一番の老舗であるが、建物の老朽化などの理由で2011年9月いっぱいで展示を休止し、リニューアルされることとなった。

注4　都内の地価高騰を受け、60年代に議論された首都機能移転計画が再浮上してくることにもなった。

注5　NHKでは1987年9月から3回にわたって「土地はだれのものか」と題して、地価急騰のもたらす影響を伝えた。

注6　「はちたま」の愛称で親しまれている球体展望台をもつフジテレビ本社屋（FCGビル、1996年竣工）は丹下氏の設計である。

注7　この方式は「当時の地価の趨勢から1平方メートル当たり250万円を算定基礎価格〔公示価格相当〕とし、これを元に権利金と賃貸料を決定、以後毎年8パーセント程度上昇すると推定」（『地域開発』三島、通巻538号　3頁）されたものである。

注8　このうち単独応募が64件、グループが46件で、応募企業総数は378社に及んだ。

注9　マスコットキャラクターのデザインは一般募集され、マニラ在住のノルマン・イサーク氏の作品が選ばれた（東京フロンティア協会『世界都市博覧会　東京フロンティア―構想から中止まで―』）。

注10　同年に行われた大阪府知事選では横山ノック氏が当選し、東京・大阪という日本の2大都市の知事が2人ともお笑い系タレントという状況になった。

注11　株式会社ゆりかもめHP　http://www.yurikamome.co.jp/index.php

注12　ドラマ中の「湾岸署」は架空の署であったが、旧東京水上警察署が移転され2008年3月31日から「東京湾岸警察署」となった。

注13　「日本におけるフランス年」の事業として、パリの自由の女神像が一時的にお台場海浜公園に設置された。その像がフランスに戻されたあと、現在のレプリカ像が設置された。

注14　パレットタウンはもともと10年の賃貸契約がなされた土地で、東京都は契約満了後の新たな事業者を募集していた（『日本経済新聞』2008年10月8日　夕刊）。したがって2010年にはMEGA WEBや大観覧車は閉鎖されるはずだったが、2008年同地を森ビル、トヨタ自動車が取得することが決定（『日本経済新聞』2008年10月9日　朝刊）、また大観覧車などはすでに臨海副都心の顔として広く認知されており、現在（20

12年2月）も営業は継続されている。

注15　2009年は「機動戦士ガンダム」放映30周年にあたるが、「お台場」と「ガンダム」が結びついた理由ははっきりしない。全高約18メートルの模型が展示された。（『日本経済新聞』2009年7月10日　朝刊、同2011年12月2日　朝刊）。建設および設置を行ったのは、2008年に本社屋を台場地区に移転した「乃村工藝社」である。

注16　『日本経済新聞』2010年10月28日　朝刊

注17　『日本経済新聞　電子版』2012年2月12日　11時12分

注18　東京都港湾局HP「数字で見る臨海副都心」http://www.kouwan.metro.tokyo.jp/business/rinkai/suuji/index.html　（2012年2月15日閲覧）

注19　さらに銀座と臨海部の晴海を結ぶ次世代型「路面電車」を2020年代前半に開業する計画もある。（『日本経済新聞』2011年2月2日　朝刊）

参考文献

大西隆・三島富重他『地域開発』（特集東京臨海副都心のこれまでとこれから）通巻538号　㈶日本地域開発センター　2009年

平本一雄『臨海副都心物語』中公新書　2000年

武藤吉夫『お台場物語』日本評論社　2003年

㈶東京フロンティア協会『世界都市博覧会　東京フロンティア――構想から中止まで――』

㈱ぎょうせい　1996年
東京都港湾局『PORT OF TOKYO 2011 東京港開港70周年』2011年
東京都港湾局『ようこそ臨海副都心キャンパスライフ編』2010年
東京都港湾局『臨海副都心のまちづくり Creating the Waterfront City』登録番号（22）20
2008年
東京みなと館（東京都港湾振興協会）HP「東京港埋立のあゆみ」
http://www.tokyoport.or.jp/43pdf_01.pdf
東京都港湾局HP（「まちづくり推進計画」「臨海副都心まちづくりガイドライン―再改定―」）
http://www.kouwan.metro.tokyo.jp/data/rinkai-plan/index.html（2012年2月15日閲覧）
株式会社ゆりかもめHP
http://www.yurikamome.co.jp/index.php（2012年2月15日閲覧）
『日本経済新聞』2008年10月8日　夕刊
『日本経済新聞』2008年10月9日　朝刊
『日本経済新聞』2009年7月10日　朝刊
『日本経済新聞』2010年10月28日　朝刊
『日本経済新聞』2011年2月2日　朝刊
『日本経済新聞』2011年12月2日　朝刊
『日本経済新聞　電子版』2012年2月12日　11時12分

第3章

ウォーターフロントの新都市建設型複合開発

永田尚三

1　ウォーターフロントの新都市建設型複合開発と行政の領土争奪戦

あまり一般に知られていないが、東京臨海副都心の江東区青海から第二航路海底トンネルを抜けた所に位置する「中央防波堤内側埋立地」と、更に橋を渡った場所にある「中央防波堤外側埋立地」には住所が無い。これは土地の帰属をめぐり関係地方公共団体が領土争奪戦を繰り広げ、未だに係争中だからである。

実は、東京臨海副都心においても、過去に同様な事態が生じた。現在東京臨海副都心の台場、青海地区にあたる「13号埋立地」の帰属をめぐって、港区・品川区・江東区が争奪戦を繰り広げ、最後は紛争調停で3区に分割することで落ち着いたという経緯がある。

ウォーターフロントの開発にもいくつかのタイプがあるが、新都市建設型複合開発は、既存の土地の再開発ではなく、埋め立てによる土地の新規造成を前提としている。そして新たなフロンティアの帰属をめぐり、地方公共団体間の領地争奪戦が必然的に生じる。

本章では、東京臨海副都心に代表されるウォーターフロントの新都市建設型複合開発と、それに伴い生じる可能性がある埋め立てで新しく造成された土地の帰属問題（どの地方公共団体に属するかという問題）について、特に東京臨海副都心の事例から考えていきたい。

2 ウォーターフロント再開発ブームと東京臨海副都心

本論に入る前に、まず東京臨海副都心のキーワードの一つである「ウォーターフロント」について概観したい。

70年代以降、欧米でウォーターフロント再開発の動きが盛んとなった。それがボルティモアやボストン等で一定の成功を収めたことにより、わが国でも80年代以降神戸市のポートアイランド（1981年竣工）を皮切りに、ウォーターフロントの再開発が次々と行われた。

わが国の先行事例である神戸では、更に神戸ハーバーランドやメリケンパークの事業（写真3-1）も行われ、また首都圏でも、東京の佃島・天王洲・葛西、横浜市の横浜みなとみらい21、千葉市の幕張新都心等の再開発が行われた(注1)。

そして東京臨海副都心も、正にこの流れに乗って80年代に開始された事業である。ウォーターフロントの世界的開発の流行が無くして、おそらく東京臨海副都心という街は存在しないであろう（写真3−2）。

わが国では、1977年（昭和52年）に策定された第三次全国総合開発計画（三全総）において、「保全と開発のバランスのとれた沿岸域の総合利用」が提唱され、それがきっかけとなり従来見落とされてきた臨海地域の利点に注目が集まった。

写真 3-1　兵庫県神戸市の臨海地域（ハーバーランドよりメリケンパークを望む）
（筆者撮影 2011年8月28日）

またこれらの地域（埠頭地区や工場移転跡地等）は、都市の周辺地域として軽視されていたことから老朽化、環境の悪化が進行し、都市の再生のためにも再開発が求められた。

図3−1は、「ウォーターフロント」という用語をタイトルに用いた文献（本、記事・論文）数の時系列的変化をグラフ化したものである。これを見ると、わが国では三全総が制定された1977年前後から徐々に文献数が増え始め、1980年代末にピークを迎えていることが分かる。

その後、文献数はバブル経済崩壊と共に減少し、2000年代に入ってから、雑誌が特集等組む度に記事・論文数が

写真 3-2　夢の大橋から台場地区、青海地区方面を望む
（筆者撮影 2011年12月29日）

時々増加することはあるものの、本の出版数は80年代のようには増えない状況が続いている。これらの数値は、ほぼ「ウォーターフロント」への社会的関心の時系列的変化を表す代理指標と見做してよい。

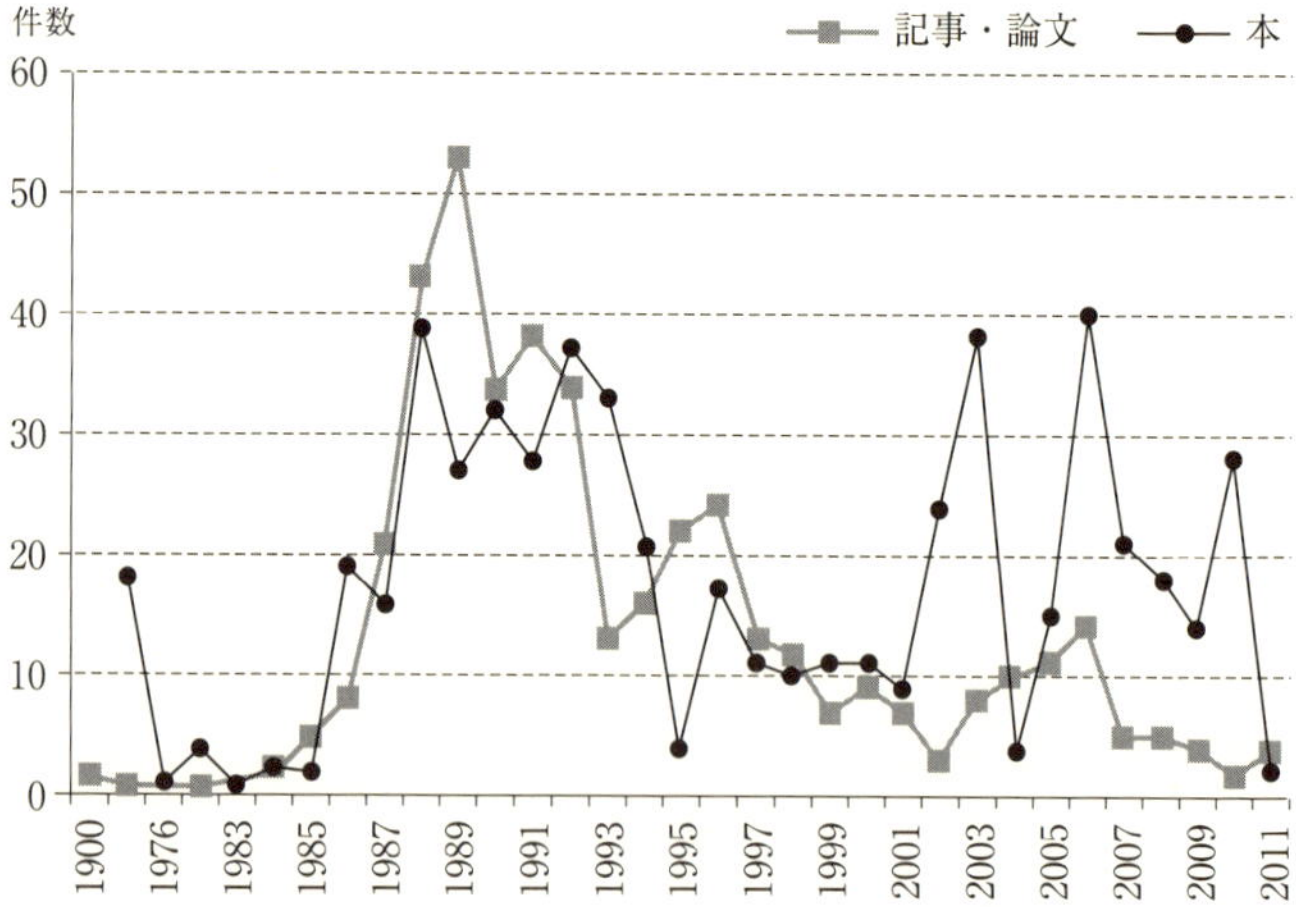

図 3-1　ウォーターフロントに関する文献数の時系列的変化

（「国立国会図書館サーチ」の検索結果より筆者作成）

3　ウォーターフロント開発の動向と類型化

(1)　バブル崩壊によるウォーターフロント事業の低迷と東京臨海副都心事業

前述の図3-1のように、わが国でウォーターフロントブームはピークを80年代に迎え、バブル経済の終焉と共に、90年代は低迷の時期を迎えた。

東京臨海副都心も、正にこの流れに沿うかたちで80年代に開始され、バブル崩壊と共に紆余曲折を経験した。バブル景気に振り回された事業といえる。

元々、1979年（昭和54年）からの鈴木都政で検討が始まり、「マイタウン構想」、「東京テレポート構想」等名称は変化したが、バブル景気絶頂期の1989年（平成元年）から遂に臨海副都心の建設が始まった。建設期間は27年で、3期に分かれている。

途上で、バブル崩壊による企業進出のキャンセルや、1995年（平成7年）からの青島都政での臨海副都心開発見直しの動き等もあった。

しかし開発計画中止までは至らず、現在、業務・商業・居住等の都市機能を配置したウォーターフロントの開放的な空間に、4・7万人が働き、1・1万人の住民が生活をし、更に年間4・8万人が訪れる地域へと発展をし、現在に至っている。レジャーを求めた来訪者は、1998年2500万人だったのが、現在4800万人と2倍近くに増加している。

1996年の夏からは、東京国際展示場（東京ビッグサイト）で、漫画、アニメ関連の同人誌の即売会であるコミックマーケット（通称コミケ）も年2回開催されるようになり、一度の開催（3日間合計）で50万人前後の来場者が毎回集まる（写真3−3）。

また、近年のコンパクトシティーといった都市計画の新潮流の中でも、職・住・遊の分離は、交通量の増大を招く一方、人口の分散を生じさせ、地域のにぎ

写真3-3　コミケで押しかけた来場者で賑わう東京ビッグサイト前
（筆者撮影 2011年12月29日）

わいを損なうものとされ、東京臨海副都心における職・住・遊の複合化は、時代の流れに沿うものといえる。

(2) 欧米におけるウォーターフロント再開発

世界的に、ウォーターフロント再開発の動きが盛んとなったのは、1970年代に先進諸国で大都市圏の衰退が始まったことが背景にある。その原因としては、①人口の減少、②インナーシティ問題、③ホワイトカラー層の没落、④都市の財政難等の問題が挙げられるが、特に欧米においては、インナーシティ（都市の中心周辺に位置する「都心近接低所得地域」）問題は深刻であった。これらの地域は往々に治安が悪化し低所得者が集まる。これに続くウォーターフロント再開発の動きを宮本憲一はこう説明している。

「1970年代まで都市の外延的内包的膨張がつづいてきたが、この膨張が止まり一方でインナーシティ問題が進むと、従来のように郊外にニュータウンをつくるよりも、都心の再開発が政策的にも優先課題となった。もともと都心には集積利益や、アメニティ資源があるので、再開発をすれば郊外のニュータウンよりも効率良く事務所・宅地需要が上がるはずであった（注2）」。

都心部拠点開発と大規模低未利用地の再開発を目指した典型的な例としては、1980年代のロンドン・ドックランズの再開発がある。ドックランズは、イギリスのロンドン東部、テムズ川沿岸にあるウォーターフロント再開発地域の名称である。サザーク区、タワー・ハムレット区、ニューハム区にまたがる。

中でもカナリー・ワーフは、ドックランズの再開発を象徴する地域である。80年代初頭廃墟と化していた旧倉庫街を、サッチャー政権によって設立された国策会社であるロンド

写真 3-4　グリニッジ天文台前から近代的なカナリー・ワーフを臨む
（筆者撮影 2011年9月8日）

ン・ドックランズ再開発公社（ＬＤＤＣ）は、１９８1年にカナリー・ワーフ計画を発足させ、約10万人が働く金融センターへと変貌させた（写真3－4）。

(3) わが国におけるウォーターフロント再開発の特徴と類型化

ただわが国では、インナーシティの顕在化が欧米より遅れたことにより、ウォーターフロント再開発が開始されるのに10年以上のタイムラグがある。更に厳密に言えば、インナーシティ問題は、わが国の大都市圏の一部の地域と地方都市を除いて、あまり顕在化せず、インナーシティ問題の有無等の地域の事情により、ウォーターフロント再開発の形態も異なる。

財団法人大阪湾ベイエリア開発推進機構の平成19年度ウォーターフロント開発調査概要を見ると、わが国のウォーターフロント再開発事業を4つの類型に分類している。それが①類型Ⅰ（新都市建設型複合開発）、②類型Ⅱ（土地利用転換型複合開発）、③類型Ⅲ（歴史保存型開発）、④類型Ⅳ（リゾート型開発）の4類型である。

類型Ⅰの新都市建設型複合開発とは、大規模埋め立て造成による土地創出によるウォーターフロント再開発事業の形態で、大都市圏に多く、公有水面埋立法に基づき開発主体は自治体であることが一般的である。

類型Ⅱの土地利用転換型複合開発は、都心部ウォーターフロントの大規模低未利用地（倉庫、物流、製造業等）を（業務機能、文化機能、ホテルなどの宿泊機能、居住機能などを含む複合的機能を持った地域へと）土地利用転換を目指すものである。

既存の大規模低未利用地と埋め立て造成によって新規に創出された土地を併せて整備した沖合拡張型複合面開発（みなとみらい21等）も、この類型に入る。

類型Ⅲの歴史保存型開発は、寂れてしまった港湾や運河を、歴史・文化的遺産や都市内自然（水域）の魅力を活かして、地域の再生を目指そうとするものである。小樽運河や函館のウォーターフロント再生がこれに当たる。民間事業者の自発的な開発と環境インフラ保全再生の市民運動によって展開された。

類型Ⅳのリゾート型開発は、業務、商業、居住などの都市の機能的側面だけでなく、ウォーターフロントの魅力を生かした非日常的な空間や体験、スポーツやレクリエーションの場としてのウォーターフロント開発を目指すタイプのものである。（注3）

(4) 新都市建設型複合開発の課題

これらのうち東京臨海副都心は、類型Iの新都市建設型複合開発に当たる。このタイプのウォーターフロント再開発事業は、バブル景気に乗って多く行われたこともあり、実際の需要より大きく見積もって計画を作成した地域が多かった。そのことが、その後の開発戦略に大きな影響を与えた。

長期的なマーケット戦略に基づく計画の見直しが必要となり、博覧会等のイベントや高質な都市環境の提供などの開発戦略が導入された。

また2000年以降、1980年代に完成した新都市の高齢化が進み、土地利用のミスマッチなどの「オールドタウン」問題が顕在化してきた。今後、住宅では社会的ミックス（年齢階層や所得階層の混在化）、賃貸と分譲の混在化などの手法が必要となってきている。(注4)

4　大規模埋め立て造成で創出された土地の帰属を巡る問題

(1)　13号埋立地の争奪戦

本章の冒頭でも書いた通り、新都市建設型複合開発は、大規模埋め立て造成での土地の創設を前提としており、そこに新たに誕生した土地の帰属を巡る自治体間の係争が生じる場合がある。東京臨海副都心においては、正にその自治体間の係争が生じた。

図3-2を見ると分かるように、東京臨海副都心は、複数の区に分割されている。

東京臨海副都心には、港区（台場地区）、江東区（有明南地区、有明北地区

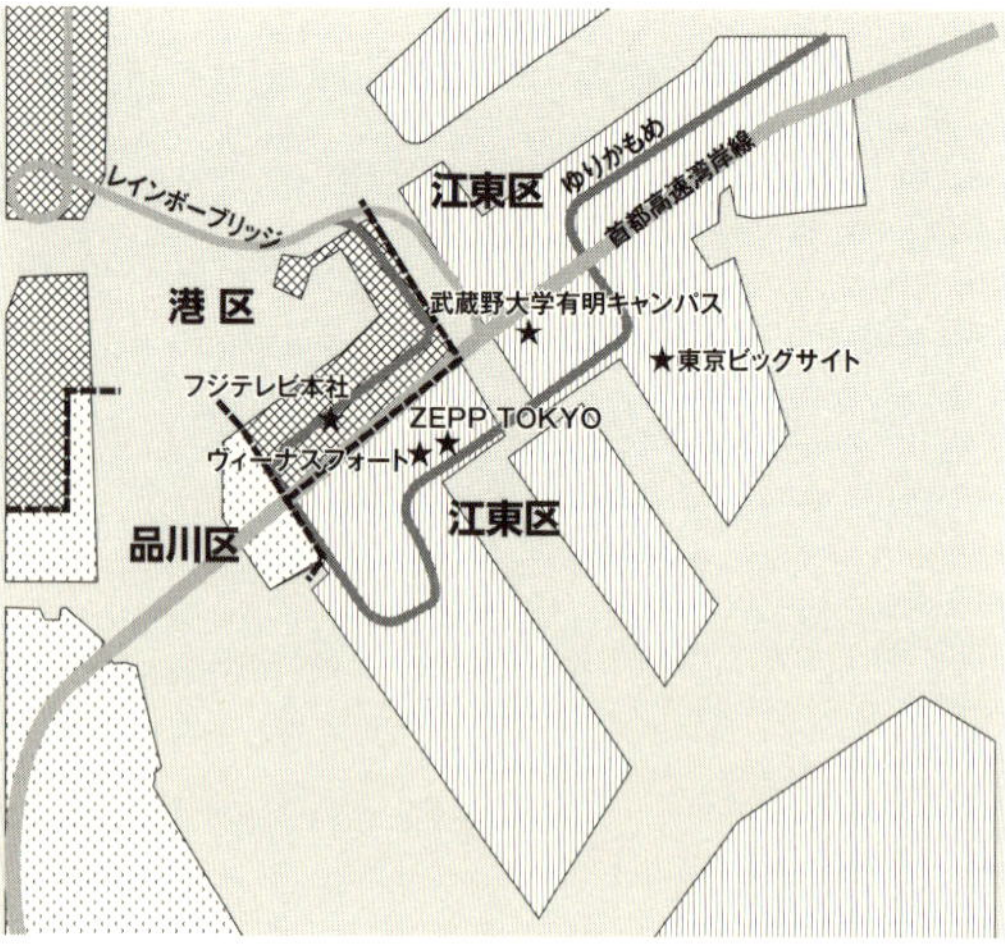

図3-2　東京臨海副都心の行政界
（Googleマップを参考に筆者作成）

および青海地区）、品川区（東八潮）（台場・青海地区）の行政界がある。

このように東京臨海副都心が、3区に分割されたのは、特に13号埋立地（現在の台場、青海地区）の帰属をめぐり関係する区が領土争いをし、結局調停で現在の行政界が決められたことによる。

元々、埋め立て地を物流関係者に所属未定地として販売したところ、その倉庫を担保物件に供したい業者から、登記をしたいので住所を定めて欲しいとの要請があったところに端を発し、当初は港区・品川区・江東区のみならず、大田区、中央区も帰属を主張し、5区の間で領土争いが勃発した。

管轄の決定には、二つのポイントがあり、1つが従来の行政区域線を海側にのばし、その線内の地区はその行政の所轄とするとする地先ルール、そして2つ目が該当地区と道路・トンネル・橋等により何らかの交通上の接続がされていることとする条件である。

これを5区に当てはめると、江東区は隣接の有明地区も管轄しており、地先ルールをクリアする。品川区も13号埋立地（台場地区）と東京湾トンネルで繋がっているので後者の条件に合致する。港区も当時すでに、レインボーブリッジ建設計画が予定されていたので、やはり後者の条件を満たし、最終的に3区に領土争いは絞られた。（注5）

そして全国で初めて、地方自治法第251条の規定による自治紛争処理委員による調停に掛けられることとなった。自治紛争処理委員は、普通地方公共団体相互間または普通地方公共団体の機関相互間の紛争調停等を行う機関である。自治紛争処理委員は3人で、事件ごとに、優れた識見を有する者のうちから、総務大臣又は都道府県知事がそれぞれ任命するものである。

そして自治紛争処理委員が、地方公共団体の様々な言い分を聞く。東京都議会での東京フロンティア本部長のかつての答弁を引用すると、伝聞なので正確な内容ではないが以下のような3区からの主張と委員の調停が行われた。

「例えば品川区にいわせますと、かつてはあそこは品川沖で、品川区の漁民が江戸時代から魚をとっていた場所だからうちだというふうにいいますし、江東区からすれば、地続きであるというふうなお話やら、台場というのは歴史的に見れば、山を削ったところは港区の地域だ、こういうお話やらいろいろございまして、それらを総合して、自治紛争調停委員の中で客観的に権限を持って決めたわけです。(注6)」

(2) 領土争いの背景

このように、各区が13号埋立地の帰属を争ったのには、大きく二つの事情がある。一つは、管轄面積が増えることで、区民・法人・商業地区が増え、直接的・間接的税収が増えるというメリットである。

ただ東京都の特別区（23区）は、都区制度の下、通常の市町村とは異なる部分が多々ある。広い視点からの都の一体的な開発を行うため、通常は市町村が行う事務の一部（上下水道・消防等）を、都が代わりに一括して行っている。同じ基礎的自治体なのに、市町村には出来て、区には出来ない事務があるのである。東京特別区が、時に半自治体と言われる所以である。

またそのため財政面も大きく異なる。その象徴的なのが、都区財政調整制度の存在である。本来区民税である法人税、固定資産税、事業税を都が代わって徴収し、その52パーセントが財政状況に応じて各区に特別区財政調整交付金として分配されるという制度である。

逆に言うと、残りの48パーセントは都がピンハネするという仕組みであるが、特別区

（23区）内の税収には極めて大きな地域間格差があり、都区財政調整制度なくして行政運営が成り立たない特別区も多い。

よって厳密にいうと、管轄区域を増やしたことで増える区の歳入は、増えた区民・法人からの、すべてが区の歳入となる特別区税（区民税、たばこ税、軽自動車税、入湯税）＋特別区財政調整交付金（法人税、固定資産税、事業税の52パーセント）となる。

これが通常の市町村の場合は、管轄区域が増えた場合、法人税、固定資産税、事業税は100パーセント入る上に、もう一つのメリットがある。国からの地方交付税の算定基準には、管轄面積も入っているので、地方交付税の額が増えるのである。

ところが、地方交付税の算定上、都と特別区は一体として一つの団体とみなされているため、特別区は地方交付税の直接的な交付対象団体となっていない。よって地方交付税がもらえる場合、すべて都に入るのである。ただ東京都は、全国都道府県で数少ない不交付団体なので、国から地方交付税を貰っていない（地方交付税は、全国規模で国が行う財政調整制度なので、財政状況の良い地方公共団体には交付されない。）

そう考えると、税収が増えることは間違いないものの、他の地方公共団体と係争するほどのメリットが区の側にあるのか、市町村の場合と比較すると小さいようにも思われる。

ただ13号埋立地の領土争いには、実はより深い背景があった。それが地先ルールの存在である。

東京臨海副都心の後ろには、更に埋め立て地が広がってきている。中央防波堤内側埋立地、その先の中央防波堤外側埋立地、そして東京湾最後の埋め立て予定地である。13号埋立地の帰属を押さえない限りは、これらの帰属も勝ち取れない。その焦燥感が、区を13号埋立地争奪戦へと駆り立てたのである。(注7)

(3) 更に続く領土争奪戦

よって領土争奪戦は、現在（平成24年4月時点）も続いている。東京湾最後の埋め立て予定地の帰属まで視野に入れ、中央防波堤内側埋立地（三代目　夢の島）、中央防波堤外側埋立地の帰属が現在係争中である。

中央防波堤内側埋立地は、昭和48年から61年までの13年間で、東京中の約１２３０万トンものゴミが埋め立てられ、平成8年に竣工した。当初は港区、中央区、江東区、品川区、大田区と、13号埋立地の時と同じ顔ぶれの5区が帰属を主張していたが、道路で繋がっていない飛び地になることを理由に中央・港・品川の3区が撤退し、現在は江東区と大田区が帰属を主張している。

また、中央防波堤外側埋立地の帰属に関しても、当初は港区、江東区、品川区、大田区、江戸川区の5区が帰属を主張していたが、現在は陸続きとなった江東区（第二航路トンネル、東京ゲートブリッジにより結ばれる）、大田区（臨海トンネルにより結ばれる）の2区が帰属を主張している。

中央防波堤内側埋立地と中央防波堤外側埋立地の帰属の問題は、その後膠着状況が続いていたが、また表面化したとＪcastニュースは伝えている。


「しばらく争いは表面化していなかったが、寝た子を起こしたのが国土交通省。２０１０年5月に内側埋立地の岸壁に新たに約1万３７８０平方メートルのコンテナ埠頭の建設計画をぶち上げ、帰属問題が再燃。コンテナ埠頭建設に当たり、港湾管理者である都が両区に意見を求めたのに対し、両区がそれぞれ「自区のもの」との意見書を出した。江東区は２０１０年9月28日、「歴史的経緯を踏まえれば、本区へ帰属することが当然」とする意見書案を区議会に提出。江東側から先にトンネルで結ばれたため、埋め立てに使ったごみの焼却灰や建設残土などの大半は、江東区を通って運ばれてきたことから、「渋滞や騒音にも長年耐えてきた」と訴える。

これに対し大田区も翌日に「大田区に帰属すべきもの」との意見書を出した。埋め立てられた海の「既得権」を訴えるもので、大田区内の漁協が持っていたのりの養殖の漁業権を放棄した経緯を指摘。また、埋め立て地は陸海空運の拠点として羽田空港と一体的に活用するためにも「空港と同じ大田区に帰属するのが合理的」と譲らない(注8)」とのことである。

5 都民の税金が投入された埋め立て造成地から生じる税収を特定の区だけが独占してよいのか

これらの動きに対し、平成2年の都議会総務生活文化委員会で、保坂都議が発言した内容は、問題点を明確化しているように思われる。

「新しく埋め立てた臨海副都心が〔当時から〕十一年後に完成後、八割以上が江東区に行く、そして品川、港に行く、…私たち内陸に住むような都民からしますと、臨海部というのは、限りなく埋め立てを続けていく限りにおいては、限りないポテンシャルがあるわけですね。極端なことをいえば、領土はふえる、そして都は投資をしてくる、こういう意味では、好むと好まざるとにかかわらず、受け皿のメリットを享受できる。

しかし、内陸部はほとんど関係ない。…人口をふやしたくてもふやせないような、条件を持たない区からしますと、好むと好まざるとにかかわらず、こういうふうな可能性を、都民の貴重な財産によって、そこに一方的に付与するというのは、公平の原則からしてどうなんだろうかという声がなきにしもあらずです。(注9)」

今までの経緯からいくと、中央防波堤内側埋立地と中央防波堤外側埋立地の帰属の問題に関しても、江東区にすべてと言わぬまでもかなりの土地が帰属することになる可能性が高い。元々、江東区は埋め立てで面積を増やして来た区である。図3-3を見ると分かる様に、江東区が誕生した翌年、昭和23年時の面積は22・54平方キロメートルだったのが、平成22年度には39・99平方キロメートルと倍近くに増えている。また亀戸と東京臨海副都心と、副都心を２つ管轄区域に持つ唯一の区である。

　果たして、特定の区だけが拡大し続けることが、特別区間の地域間格差拡大に繋がらないのかという疑問は生じる。また都区制度の下、都が大きな役割を果たすからと言って、管轄する地方公共団体が複数に跨ることによるデメリットもあるように思われる。新たに東京臨海副都心を含むこれらの地域を24番目の区（例えばお台場区）にした方が良いのではという考えすら頭をよぎる。

　本章でも見てきたように、13号埋立地、中央防波堤内側埋立地、中央防波堤外側埋立地における争奪戦は、更にその先の東京湾最後の埋め立て地と目されて

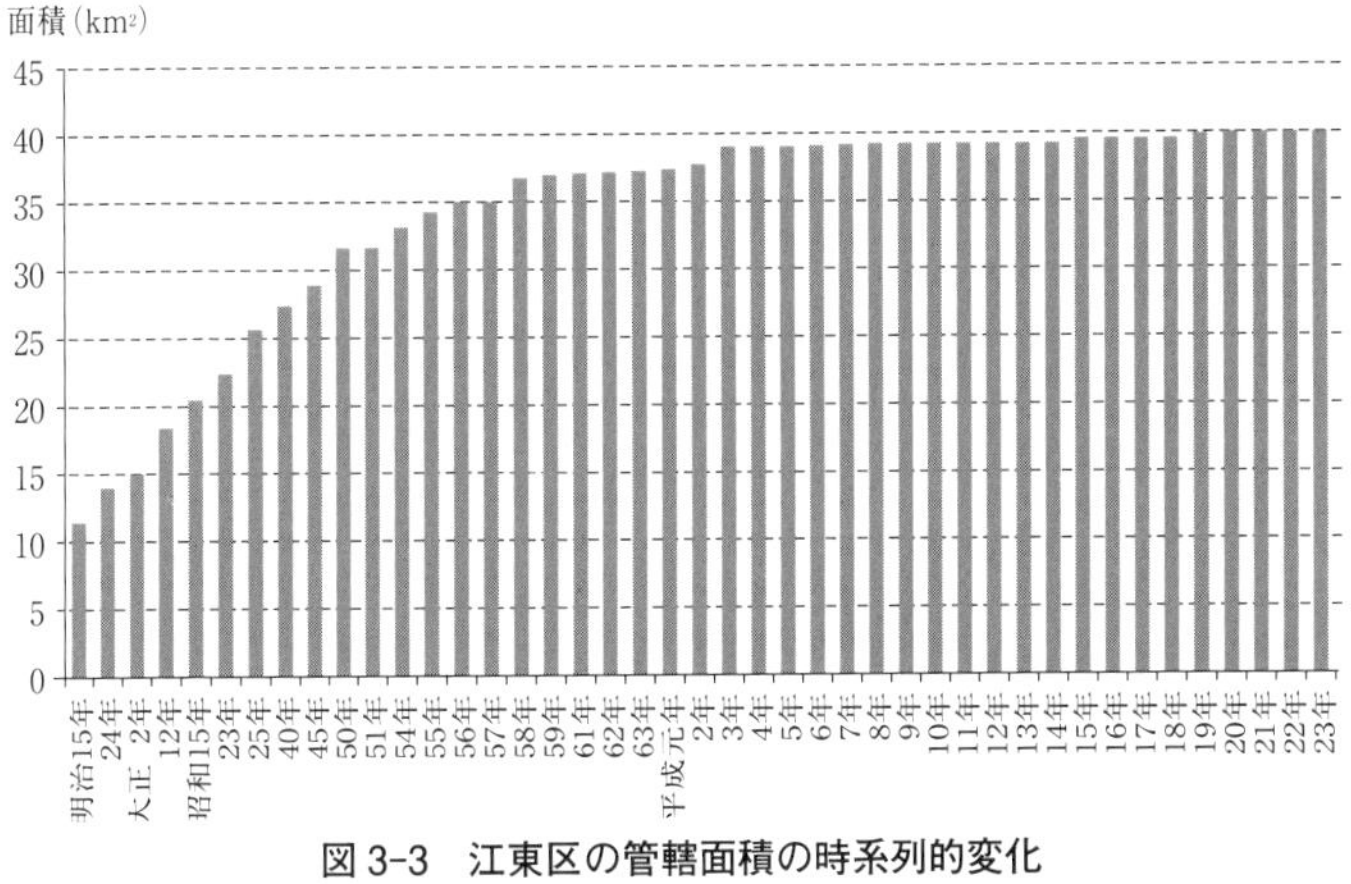

図 3-3　江東区の管轄面積の時系列的変化

（江東区「江東区の現状と課題」及び国土交通省国土地理院「全国都道府県市区町村別面積調」より筆者作成）

いる将来誕生する土地の帰属も視野においての前哨戦である。

ただ東京湾で最後というのは、現時点での話である。状況が変われば、今後も東京のウォーターフロントは、海に向かって拡大を続け、東京臨海副都心が臨海ではなくなる時代が来る可能性もある。つまり現制度下においては臨海部の区だけが、今後もエンドレスで膨張し続けられるということになる。

既存の行政区の拡大路線を取るよりは、一定のまとまった土地が新しく出来たところで、新区を新設する方式の方が、公平性の視点からも望ましいようにも思われる。中長期的には、現実性を帯びてくる可能性がある検討課題である。

注

注1　その他に、名古屋市のガーデンふ頭や金城ふ頭、福岡市のシーサイドももち、神戸市のマリンピア神戸（垂水区）、六甲アイランド（東灘区）やHAT神戸（中央区）、北九州市門司区の門司港レトロ地区、高松市のサンポート高松、敦賀市の金ヶ崎緑地、長崎市の長崎水辺の森公園、小樽市のぱるて築港等がある。
注2　宮本憲一『環境経済学』岩波書店、8頁
注3　財団法人大阪湾ベイエリア開発推進機構「平成19年度ウォーターフロント開発調査概

要」、3-4頁

注4　同右、7頁

注5　HP「大田区タウン　大田区は今―名もなき土地をめぐる静かな確執―」第2話 http://www.otaku-town.com/gyousei/（2012年2月10日確認）

注6　東京都議会平成2年総務生活文化委員会（1990年7月6日）大塚東京フロンティア本部長の答弁。

注7　HP「大田区タウン　大田区は今―名もなき土地をめぐる静かな確執―」第3話 http://www.otaku-town.com/gyousei/（2012年2月10日確認）

注8　Jcastニュース2011年1月15日記事「東京湾埋め立て地めぐり　江東区と大田区が「領土争い」」http://www.j-cast.com/2011/01/15085207.html?p=all（2012年2月10日確認）

注9　東京都議会平成2年総務生活文化委員会（1990年7月6日）保坂都議の質問

参考文献

宮本憲一『環境経済学』岩波書店

財団法人大阪湾ベイエリア開発推進機構「平成19年度ウォーターフロント開発調査概要」

HP「大田区タウン　大田区は今―名もなき土地をめぐる静かな確執―」http://www.otaku-town.com/gyousei/（2012年2月10日確認）

HP「住所のない場所―中央防波堤埋立地ってなんだ―」
http://arc.uub.jp/arc/arc.cgi?N=346

第4章 ビジネスの場としての臨海副都心

―企業進出の変遷と現状―

佐々木 将人

1　臨海副都心におけるオフィスビル

臨海副都心地域について、多くの人がまず思い浮かべるのは、フジテレビやパレットタウンなどの商業・観光施設や、東京ビッグサイトで開催される東京モーターショーや東京おもちゃショーといった大規模なイベントではないだろうか。これに対して、企業の本社や事業所が進出し、企業活動が行われるビジネスの場であるという印象は、必ずしも強くはないように思われる。しかし、オフィス用として割り当てられたビルの数を数えてみると、ポートアイランドや六甲アイランドなど国内の他のウォーターフロントと比較しても決して少なくはない。本章では、臨海副都心地域における企業進出に焦点を当てて、ビジネスの場としての臨海副都心を検討していく。

臨海副都心地域には、台場地区、青海地区、有明地区という大きく分けて3つの地区が存在している。(注1)一般的な知名度や商業的な集客力には恐らくばらつきがあるものの、オフィスビルという観点から見ると、ほぼ同数の建物が立てられており、いずれも様々な企業が入居している。表4-1は、臨海副都心地域において、複数の企業が入居することを前提として設立されたオフィスビルを示している。表には、施設名と、地区、現在の運営主体となっている事業者、施設の竣工時期が載せられている。表のグレーの部分は、東京都が出資する第3セクターによって設立・運営されているビルである。

表から分かるように、テレコムセンタービルや各地区のフロンティアビルをはじめとして多くの施設が東京都によって設立・運営されてきたものである。また、TOC有明やトレードピアお台場といった民間出資の施設がいずれも2000年以降に建てられたものであるのに対して、第3セクターによって設立・運営が行なわれたビルは1990年代半ばと比較的早期に建設されているのも特徴の一つである。これらのビルは、東京都による臨海副都心開発の柱の一つであり、臨海副都心地域への企業誘致を目的として、開発当初から建設が計画されていた。

表 4-1　臨海副都心地域の主なテナント用オフィスビル

建物名	地区	運営主体	竣工時期
テレコムセンタービル	青海	東京テレポートセンター	1995
青海フロンティアビル	青海	東京テレポートセンター	1996
タイム 24 ビル	青海	東京ビッグサイト	1996
有明フロンティアビル	有明	東京テレポートセンター	1996
東京ファッションタウンビル	有明	東京ビッグサイト	1996
TOC 有明	有明	TOC	2006
台場フロンティアビル	台場	東京テレポートセンター	1996
トレードピアお台場	台場	三菱地所	2001
台場ガーデンシティビル	台場	積水ハウス	2007

2　東京都による臨海副都心地域の開発

前述したように、臨海副都心地域（台場・青海・有明地区）の開発及び事業運営は、主として東京都の第3セクターが担ってきた。現在では、これらの施設を運営する企業は、東京臨海ホールディングスの下で一つにまとめられている。しかし、ここに至るまでには様々な経緯があった。以降では、東京都を中心としたこれまでの臨海副都心開発の経緯と変化について、説明を行なっていこう。

(1)　事業運営主体の推移

1980年代後半から1990年代初頭にかけては、臨海副都心開発の初期段階である。(注2)当時の企業進出用地の開発に関しては、同じ東京都が出資母体ではあるものの複数の事業主体に分かれ、臨海副都心地域の開発が行われていた。中心的な役割を果たしていたのは「臨海副都心建設」と「東京テレポートセンター」である。「臨海副都心建設」

は、台場・青海・有明各地区にあるフロンティアの建設を担っており、その管理・運営は「東京テレポートセンター」に任されていた。また、「東京テレポートセンター」は、青海地区にあるテレコムセンタービルの建設・運営も受託している。この他、青海地区のタイム24ビルは、「株式会社タイム二十四」によって、管理・運営されており、有明地区の東京ファッションタウンビルは、「株式会社東京ファッションタウン」によって管理・運営されていた。(注3) 臨海副都心地域全体では、合計で4つの第3セクターがそれぞれ企業用地の開発に当たっていたのである。

東京都が最初に臨海副都心地域の開発構想を立ち上げた時には、臨海副都心地域に対して、企業側からも高い関心が寄せられていた。バブル景気の絶頂期であった当時は、都心のオフィス賃料が著しく高騰していたからである。また、臨海副都心地域が、都心部からも近く、情報通信技術などに関して先進的なインフラ設備の充実が予定されていたことも、企業にとってこの地域が魅力的に映った理由である。実際、1990年に東京都が行なった企業進出の第一次募集には、トヨタ自動車や松下電器産業（現パナソニック）、日本航空、東京海上火災保険（現東京海上日動火災保険）など国内外の企業が延べ378社も応募をしている。(注4)

しかし、実際にオフィスビルの建設が開始される時期になると、事態は一変する。バブル経済が崩壊したことにより、企業の進出意欲が減退しただけでなく、都心の地価が下落したため、臨海副都心地域の賃料が相対的に割高になったのである。こうした結果、進出を辞退・あるいは延期する企業が相次いだ。(注5) また、1995年に青島都知事が臨海副都心地域において開催が予定されていた世界都市博覧会の中止を決定したことも、東京都の一方的な計画変更であるとして、進出予定企業からの批判を受けることになった。

企業の進出辞退や延期により、実際に竣工したオフィスビルの入居率は、当初の予定よりも大幅に減少することとなった。また、こうした事態に対応するために、東京都が権利金や賃料を引き下げる決定を行なった結果、第3セクターの収入は当初の予定より大幅に減少してしまう。(注6) 多額の資金を投じて大規模に開発を行なった臨海副都心地域の第3セクターは、投資を回収することもままならず、経営難に陥ったのである。(注7) この結果、東京都は計画の見直しを迫られることになり、1997年に新たに『臨海副都心開発の基本方針』を策定した。(注8)

しかし、2000年代に入り、徐々に景気が回復していく局面に入っても、臨海副都心地域の各第3セクターは業績回復には至らなかった。これにはいくつかの理由が考えられる。最も大きな理由は、1990年代後半以降、都心部においても丸の内や品川をはじめとして再開発が行なわれていったことである。これに対して、既に多額の投資を行なっていた臨海副都心地域は、計画を修正し新たな手を打つ資金的余力がなかったと考えられる。また、運営主体が分散していたことによって、臨海副都心地域全体での対応も困難であった可能性がある。台場地区は港区・品川区、青海地区は江東区・品川区、有明地区は江東区といったように、地区によって自治体が異なっている。施設に関しても前述したように、異なる第3セクターによって管理・運営されていた。こうした結果として、他の地域に対応するためのまとまった施策を取ることが困難だったのである。

いずれにせよ、こうした事態の帰結として、2000年代半ば以降、第3セクターの経営破綻と統廃合が生じることとなった。2005年には、東京ファッションタウンとタイム二十四が事実上破綻し、民事再生手続きの開始を申し立てている。再生手続きを進めた結果、翌年には、この2社を東京ビッグサイトに吸収合併することが決定された。(注9) また、2006年には、東京テレポートセンター及び東京臨海副都心建設が事実上破綻し、民事再生手続きを申し立てた。(注10) 東京都の度重なる事業支援にもかかわらず、合計で1957億円の累積赤字と1440億円の債務超過を抱えていた。(注11) 民事再生の手続きによって、翌年4月に東京テレポートセンターが東京臨海副都心建設を合併する形で存続することが決定された。２００７年には、東京臨海ホールディングスが設立され、東京テレポートセンターと、ゆりかもめ、東京臨海熱供給といった臨海副都心地域の第３セクターが併合され、更に２００９年に東京ビッグサイトもその傘下に入っている。

以上のような経緯を経て、東京都が出資して運営する臨海副都心地域の第３セクターは、東京臨海ホールディングスという一つの組織にまとめられて、運営されることになったのである。

(2) 土地活用制度の変化

事業運営主体の変化と並び、土地活用制度にも変化が見られている。開発当初、臨海副都心地域では土地の有効利用を目的とした施策がとられていた。具体的には、原則土地売却はせず、賃貸には「新土地利用方式」が採用されていた。この制度に基づいて、利用者の募集と賃料の決定が行なわれていたのである。新土地利用方式とは、次のような制度である（砂原、２０１０年）。

「都市として成熟した時点での想定価格」をまず算出する。熟成には25年かかると仮定し、想定価格を都市の熟成率（年6パーセント）で割り戻した価格を算定基礎価格として、これを元に賃料を決定する。2年目以降は前年度算定した価格に8パーセント程度を乗じて決定する。

この想定価格は、バブル期に算出されていたものであるために、地価の上昇が前提となっていたものであった。しかし、バブルが崩壊して以降、地価の大幅な下落が生じただけでなく、経済状況の悪化にも伴って企業の進出意欲も著しく低下したために、借り手が全くつかない状態となっていた。土地活用制度についても、バブル崩壊以降には企業進出の妨げになっていたのである。

このような状況に対応するために、東京都は計画の見直しを行ない、長期貸し付け方式や土地の分譲を行なうなど、より柔軟な土地活用方式を採用するようになっていった。(注12)また、売却先が見つからない土地に関しても、確実に事業者を募るため、新たに10年間の期限をつけた廉価な土地の暫定的な貸し出しを開始している。台場地区の「ヴィーナスフォート」や、青海地区の「パレットタウン」、「大江戸温泉物語」、有明地区の「パルティーレ東京ベイ・ウェディングビレッジ&スクエア」などもこの方法によって暫定的利用が行なわれている施設である。パレットタウンが閉鎖されるという報道がなされたのも、業績の低下によるものではなく、この事業借地権の期限が2010年までであったためである。なお、パレットタウンについては、現在は暫定的に延長をしている状態であり、2016年までに森ビルとトヨタ自動車が共同で新施設を開業することで東京都と合意している。(注13)

3 進出企業

臨海副都心地域の開発は、東京都及び東京都出資による第3セクター主導で行なわれていた。臨海副都心開発は、バブル崩壊以後に計画の大きな見直しを迫られ、運営主体についても、また土地の運用方針についても変化が見られてきた。それでは、実際にはどのような企業が進出しているのだろうか。以降では、3つの地区に分けて、現在の進出企業とその特徴を示していくことにしよう。

(1) 台場地区

台場地区（写真4-1）にあるオフィスビルとしては、トレードピアお台場（旧日商岩井本社ビル）、台場フロンティアビル、ガーデンシティビルを挙げることができる。また、このほかフジテレビ（フジ・メディア・ホールディングス）やサントリー（サントリーホールディングス）、乃村工藝社が、自社ビルを建設して進出している。台場地区は、商業だけでなく事業所の進出も多く行なわれている地区なのである。

この地区の特徴として指摘できるの

写真 4-1　台場地区

左から、フジテレビ本社屋、トレードピアお台場、台場フロンティアビル、サントリービル、台場ガーデンシティビル（右手前）、乃村工藝社（右奥）

（筆者撮影）

は、比較的規模の大きい企業とその関連会社の進出が見られていることである。たとえば、1997年に本社を新宿区から台場に移転したフジテレビでは、本社内やトレードピアお台場にビーエス・フジや八峰テレビ、テレプロなど、複数の関連会社が入居している。(注14)このような傾向は、サントリーに関しても同様である。2006年に自社ビルを建設し、その中にサントリーの東京本社のほか、サントリーフーズ、サントリー食品インターナショナルなど、関連会社が多く入っている。本社の所在地は大阪市であるが、グループ企業については台場が本社登録地である企業も多く、実質的に主要業務はこの地区で行なわれている。(注15)また、トレードピアお台場でも、昭和シェル石油が入居すると、シェルケミカルズジャパン、昭和シェル船舶などのグループ企業が本社とともに入居している。このほか、富士通の関連会社（トレードピアお台場）、太平洋セメント（台場ガーデンシティビル）といった企業もこの地区に進出している企業である。

フジテレビやサントリー、昭和シェル石油に見られるようなグループ企業を伴った進出は、臨海副都心地域のようなウォーターフロント地域への進出の利点を反映している。都心に比べ、比較的大規模な移転を行なうことができる点である。こうした機会をうまく利用することで、事業の拡張や再編成が可能となるのである。

(2) 青海地区

台場地区の南側に位置する青海地区(写真4-2)には、テレコムセンタービル、青海フロンティアビル、タイム24ビルがある。この地区は、情報通信産業やソフトウェア産業の集積を意図して誘致が行なわれた地域であり、この点で明確な特徴を持っている。テレコムセンターは、当初臨海副都心内でCATV事業を展開しており、またタイム24ビルの管理会社であったタイム二十四(現在は東京ビッグサイトに吸収)も、東京臨海副都心におけるソフトウェア・データベース産業集積施設

写真4-2 青海地区

左から、テレコムセンタービル、青海フロンティアビル、産業総合技術研究所別館
(筆者撮影)

建設に関する調査、企画並びにその事業化計画立案を目的として設立された第3セクターである。

実際、進出している企業にも情報通信業の企業が数多く見られている。テレコムセンターには、NTTドコモやKDDI、ソフトバンクテレコムといった携帯電話関連の企業やみずほ情報総研のようなシンクタンクが入居している。また、タイム24ビルにも、比較的小規模な情報通信やソフトウェア関連の企業が数多く入居している。大小様々な規模の情報通信関連企業が、この地域に集積しているのである。

(3) 有明地区

有明地区（写真4-3）では、様々なイベントが開催される場所として、東京ビッグサイトが有名である。この地区のオフィスビルとしては、有明フロンティアビル、東京ファッションタウンビル、TOC有明がある。

他の2地区がそれぞれ特徴を有していたのに比べると、この地区の進出企業は多種多様である。業種でみても、美術関連事業から、エンターテインメント、情報通信、精密機器、貿易といったように、様々である。もともと、東京ファッションタウンビルは、ファッションの情報発信基地となる複合的な街づくりの中心としての役割が期待されていた施設である。(注16)当時は、パリ、ニューヨーク、ミラノと並ぶファッション拠点への成長が目指されていたのである。そのため、デザインや美術といった他の地域にはない業種の企業も入っているのである。

また、国内有数のイベント会場である東京ビッグサイトが近くにあることから、イベント運営会社や通訳仲介企業なども入居してい

写真 4-3　有明地区

左から、東京ビッグサイト、有明フロンティアビル、東京ファッションタウンビル

(筆者撮影)

る。大塚家具が東京ファッションタウンに、パナソニックがパナソニックセンター東京にショールームを展開していることも、イベントの来訪者を取り込むことを可能にしていると考えられる。

4　今後の展開に向けて

以上みてきたように、臨海副都心地域の開発は、企業進出という観点から見ると、必ずしも当初の計画通りに進行してきたとは言い難い状況である。こうした結果は、バブル経済の崩壊という外生的な要因によるところが大きい。計画段階がバブル絶頂期であったのに対して、実行段階がバブル崩壊後であったために、財政面に関しても、企業の進出意欲に関しても、事態が大きく変化したのである。

しかし、こうした状況の変化に対して、東京都と第3セクターが柔軟に対応できなかったことも恐らく事実である。臨海副都心地域の各オフィスビルが、異なる事業主体によって運営されていたために、統一的な計画修正も困難であった。土地の活用制度についても、地価の上昇を前提としたものであり、地価が大幅に下落した局面において、企業側の進出意欲の低下を防ぐことができなかったのである。

ただし、事業計画の見直しが行なわれた結果、今後の展開については、期待が持てる部分もある。近年では、それぞれの第3セクターは東京臨海ホールディングスの下に統合されており、また土地の利用制度に関しても、長期賃貸契約や分譲なども含めてより柔軟な検討が行なわれている。この点で、臨海副都心地域の開発は、より柔軟かつ統合的に行なうことができる体制になっているのである。

写真 4-4　The SOHO（外観）（筆者撮影）

写真 4-5　The SOHO（内観）（筆者撮影）

実際、臨海副都心地域における近年の新たな試みの例として、ＳＯＨＯ専用のオフィスビルである「The SOHO」（写真4-4および写真4-5）を挙げることができる。青海地区において2010年に竣工した同ビルは、SOHO向けの賃貸ビルとしては世界的に見ても大規模な施設である。共有施設として、ロビーラウンジやコンベンションセンターなどに加えて、スパやフィットネスジムを設け、施設の充実化と入居者同士の交流を図っている。一般的には、映画「踊る大捜査線THE MOVIE3ヤツらを解放せよ！」のロケ地として使用されたことでも有名である。

このような柔軟な対応が可能であるならば、臨海副都心地域には、他の地域と比べた利点も存在している。都心が近く、また東京国際空港（羽田空港）からも近い点は、現在でも当然変わりはない。むしろ近年の東京国際空港の拡大に伴って、今後魅力度は高まっていくと考えられる。また、開発用地の規模に関しても、臨海副都心地域全体で考えれば、他の地域以上に大規模な展開も可能である。台場地区のような大企業がグループ企業を伴って進出することも、また青海地区に見られたような特定の産業に集中した産業集積の形成を推し進めることも可能である。

ただし、臨海副都心地域が他の地域に対して優位性を持つためには、臨海副都心地域全体で明確な指針を持つことが必要不可欠だろう。台場地区・青海地区・有明地区をそれぞれ個別に開発するだけでは、相対的な規模が縮小されるため、規模の優位性が失われてしまうからである。東京都と東京臨海ホールディングスを中心として、統合的なビジョンと具体的な施策を再度検討することには大きな意義があると考えられる。

注

注1　有明地区は、有明北地区と有明南地区に分けられることもある。ただし、現在のところ有明北地区には、本章で検討するようなオフィスビルが建設されていないため、両者をまとめて有明地区としている。

注2　東京都港湾局（2006年3月）。「臨海副都心開発の今後の取組み～総仕上げの10年間～」。2011年8月25日閲覧

注3　東京ファッションタウンビルは、通産省（現・経済産業省）の「ファッションタウン構想」に基づいて建設されたビルであり、その意味では完全に東京都主導ではないものの、建設・運営に関しては、第3セクターである「東京ファッションタウン」が担っていた。

注4　『日本経済新聞』1990年6月23日　朝刊、5頁

注5　『日本経済新聞』1995年4月11日　朝刊、3頁

注6　『日本経済新聞』1992年12月17日　朝刊、35頁

注7　竹芝地区等も含めた臨海副都心全体での事業費は、東京都だけで約2兆4300億円にも上る。この事業費を賄うために、東京都は約5200億円の地方債を起債し、また他の特別会計からの借り入れも行なっていた。

注8　東京都港湾局。「まちづくり推進計画」２０１１年8月25日閲覧
注9　東京都産業労働局（２００6年3月）。「東京ファッションタウン㈱及び㈱タイム二十四の㈱東京ビッグサイトへの吸収合併等について」２０１１年8月25日閲覧
注10　同時に、竹芝地区の開発にあたっていた竹芝地域開発も破たんし、同じく東京テレポートセンターに併合されている。
注11　東京都港湾局（２００7年4月）。「株式会社東京テレポートセンター、東京臨海副都心建設株式会社及び竹芝地域開発株式会社の再生手続終結について」２０１１年8月25日閲覧
注12『日経流通新聞』１９９3年8月10日、2頁
注13『日本経済新聞』２０１０年1月8日、15頁
注14　フジテレビは、青海地区にも比較的大規模なスタジオを建設している。
注15　現在は持ち株会社制度に移行しているのでサントリーホールディングスの本社所在地が大阪市である。
注16『日本経済新聞』１９８9年10月2日　朝刊、11頁

参考文献

『日経流通新聞』１９９3年8月10日　2頁
『日本経済新聞』１９８9年10月2日　朝刊、11頁

『日本経済新聞』１９９０年6月23日　朝刊、５頁
『日本経済新聞』１９９２年12月17日　朝刊、35頁
『日本経済新聞』１９９５年4月11日　朝刊、３頁
『日本経済新聞』　２０１０年1月8日　15頁
砂原庸介（２０１０年）、「巨大事業の継続と見直しにみる地方政府の政策選択――臨海副都心開発の事例分析」『法学雑誌』56巻2号、1–39頁
東京都HP（http://www.metro.tokyo.jp/index.htm）
東京都港湾局HP（http://www.kouwan.metro.tokyo.jp/index.html）

第5章

臨海副都心の地域ブランド

上原　渉

1　地域ブランドとは

本章では臨海副都心の街としてのイメージに焦点を当てて、地域としての差別化や活性化について考察する。本節では一般的な地域のブランド化について、議論を整理する。

1990年代に経営学、特にマーケティング分野において活発に行われたブランド研究では、企業や製品・サービスの差別化の源泉としてブランド構築が重要であることを指摘してきた。ブランドを構築するためには、知名度の向上と、それに付随する好意的でユニークなイメージや連想を作り出す必要があり、企業は消費者に対して広告・広報をはじめとした様々なブランド・コミュニケーションを行っている。

ブランド構築には、製品・サービスのブランド化と、企業名のブランド化の2つがある。製品・サービスをブランド化することは、消費者がそれに抱いている知覚品質を向上・改善させ、競合製品と差別化し、長期的に高価格で販売することを可能にするためのものである。一方、企業名をブランド化することは、製品やサービスのブランド化とは多少の違いがある。企業名をブランド化することは、販売されている製品・サービスに対する追加的なイメージを付与することや、企業のイメージにあった人材が獲得しやすくなること、従業員の職務満足度が向上することなどが目的となっている。企業名のブランド化は、製品やサービスのブランド化を支援する役割も担っている。

地域をブランド化することについても、同じような構造が見られる。その地域で売られている特産品や、温泉や史跡などの観光資源をブランド化する場合と、地域自体をブランド化する場合である。

前者の場合は、ブランドによって競合製品や競合サービスと差別化することを意図するものである。例えば、養豚業を営む地域は日本各地に存在しているが、その中でも鹿児島県産の黒豚（ブランド名は「かごしま黒豚」(注1)）は明確に差別化された地域の特産品である。同じ豚肉であっても、かごしま黒豚の歴史や品種、育成方法といったブランドのストーリー、消費者の知覚品質の高さなどで、ブランドのない豚肉よりも高い値段で取引されている。

観光資源である温泉のブランド化も前者のケースであると考えられる。箱根(注2)や草津(注3)、湯布院(注4)といった温泉地は、歴史や泉質に関して様々な情報提供を行い、他の温泉地との差別化を図っている。

こうした地域の特産品や観光資源は、製品やサービスの差別化と全く同じであるが、地域性を前面に出していることから地域ブランドと表現される場合がある。

後者の場合は、地域全体に対する好ましいイメージを付与することを目的としたものである。例えば、京都という地名は都道府県名であると同時に、日本の古い街並みや文化、神社仏閣などのイメージを含んだブランド名でもある。横浜や神戸から連想される港町のイメージも同様である。何か一つの製品や観光資源に直結しているわけではないが、地域全体として一定のイメージや連想を作り出している。これは多様な製品やサービスを扱いながらも、企業名それ自体が何らかのイメージを持っているという点で、企業名のブランド化と類似している。

この特産品や観光資源の地域ブランド化と、地域全体のブランド化が相互に影響し合いながら、単なる場所の名前だけではないイメージや連想が人々の記憶に定着することとなる。

本章では後者の、地域全体のブランド化について議論を進めたい。特産品や観光資源のブランド化は、それを通じて地域全体の知名度が向上したり市町村の税収が増えたりすることもあるけれども、多くの場合は当該製品のメーカーや観光業に携わる一部の人が潤うものである。そのため地域が全体となって取り組むものではない。

本章で注目したいのは、和田（2002年）が指摘したような、地域に人々を引きよせ、地域の持続的発展の原動力となるような取り組みである。地域の住民と企業が一体となり行う地域のブランド化について、臨海副都心を事例に考えていきたい。

2　臨海副都心ブランドの現状

本節では臨海副都心、特にその中心である「お台場」の地域ブランドの現状を、新聞等で公表されているデータから明らかにしていく。

お台場が現在の観光地・繁華街としての姿に変貌を遂げた(注5)のは、90年代後半以降のことである。日経産業消費研究所が2004年12月に実施した調査によれば、首都圏33か所の繁華街の中で、3～4年前に比べて「行くようになった繁華街」は、お台場がトップであった。(注6) 2000年代に入り、急速に繁華街としての魅力を高めているお台場は、人工的につくられた観光地としては成功していると考えられる。

臨海副都心全体への訪問者数の推移を示した図5－1を見ると、2000年から着実に訪問者数を増やしてきているのが見て取れる。日本経済新聞社が2005年に行った「東京の街イメージ調査」によれば、お台場は「変化の激しい街」で第6位、「東京を代表する街」で第5位、「消費が最も盛んな街」で第8位、そして「遊びや観光に行きたい街」では、第2位の奥多摩の倍近い回答を集め堂々の第1位であった。(注7) 次々と新設されている商業施設が女性と若者を中心に評価されているようだ。

同調査の2006年度版では、「景観が美しい街」で第2位と、同じ繁華街であっても新宿や渋谷とは一線を画したイメージづくりに成功している。(注8) 人工的であるが、海辺の景色が美しい繁華街・観光地として、確固たる評価を得ているように思われる。この美しい景観については、テレビドラマや映画撮影でロケ地として用いられることも多く、地域活性プランニングが行った人気ロケ地の調査において第4位になっている。(注9)

最近でも、2009年末にお台場の商業施設、ヴィーナスフォートに都心初のアウトレットを導入し、売上高が前年比で70パーセント増となるなど、(注10) 繁華街・観光地としての性格は変わっていないように思われる。

こうした繁華街・観光地としての成功の一方で、居住地としての評価は高くない。2005年の「東京の街イメージ調査」では「絶対に住みたくない街」でお台場は第8位、2006年の調査では第4位と、繁華街や景観が美しい街としての人気とは裏腹に、住みやすい街としての評価はかなり低い。さらに、「危険を感じる街」という項目では、2005年の第24位から、2006年の調査では第9位と急速に悪化していることが分かる。[注11] お台場以上に住みたくない街は、新宿と渋谷、六本木であり、こうした雑多で治安に不安があるような街の次にお台場が位置付けられていることを考えると、第4位という順位には大きな問題があると言わざるを得ない。

実際、臨海副都心の居住人口は2010年で1万1000人程度と、増えつつあるがその伸び方は緩やかである。分譲マンションも増えているが、ファミリー向けは少ないようである。生活必需品を買うためのスーパーも、お台場に2店舗あるだけで

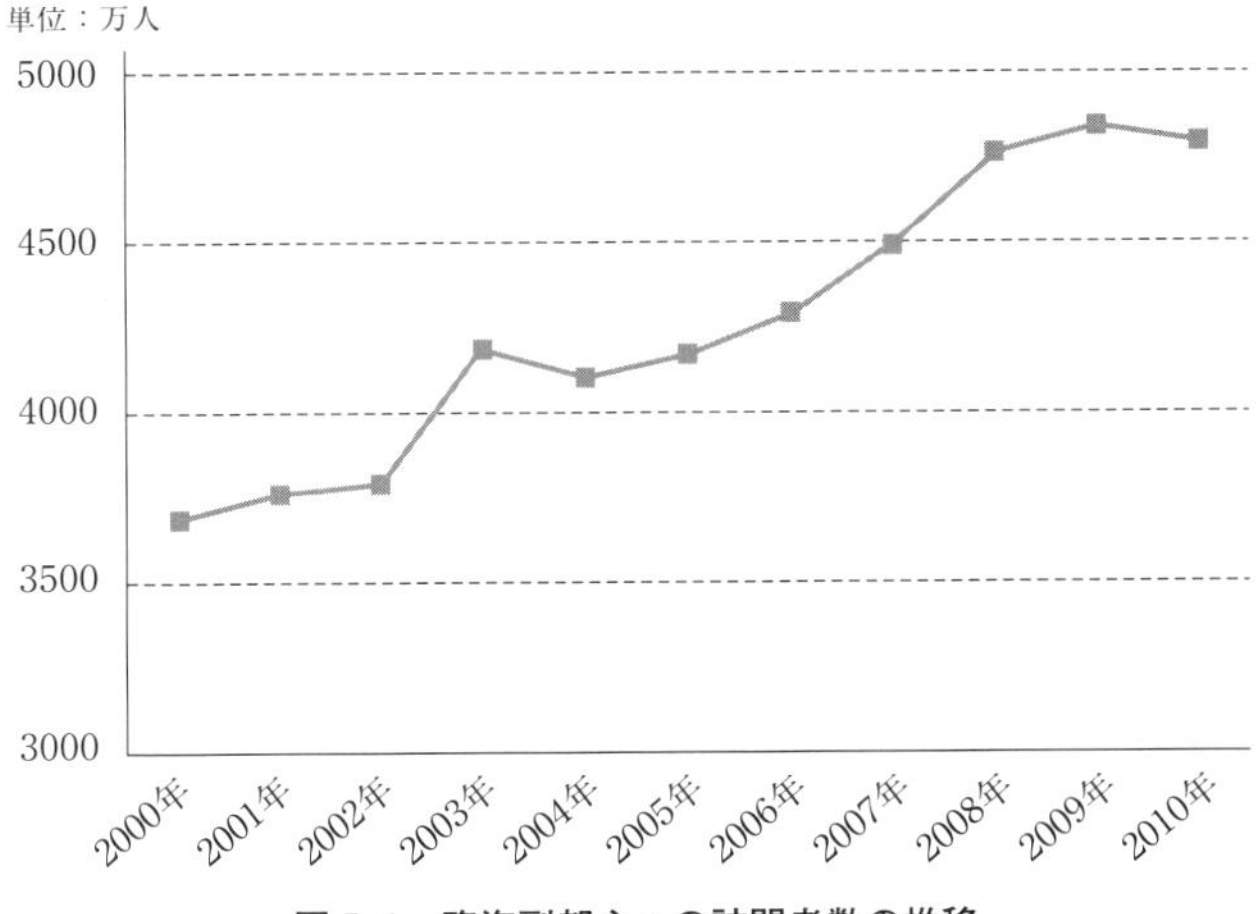

図 5-1　臨海副都心への訪問者数の推移
（東京都港湾局のデータをもとに筆者作成）

ある。[注12] つまり、臨海副都心で生活するためのインフラは十分だとは言えない。

　対照的に、臨海副都心に近い豊洲は居住地としての評価も高い。日本経済新聞社が2007年に行った「素顔の首都圏　6000人・街イメージ調査」では、「これから10年後のお勧めの街」として、豊洲が第1位となった。[注13] 豊洲はオフィスビルや商業施設だけでなく、大規模なマンションも含めて評価が高いようだ。

　このように、お台場は街並みのきれいな都会的な繁華街として高い評価を受ける一方、居住地としては問題を抱えている。こうした傾向が、今後の地域ブランド作りにどのように影響を及ぼすのか、次節で検討したい。

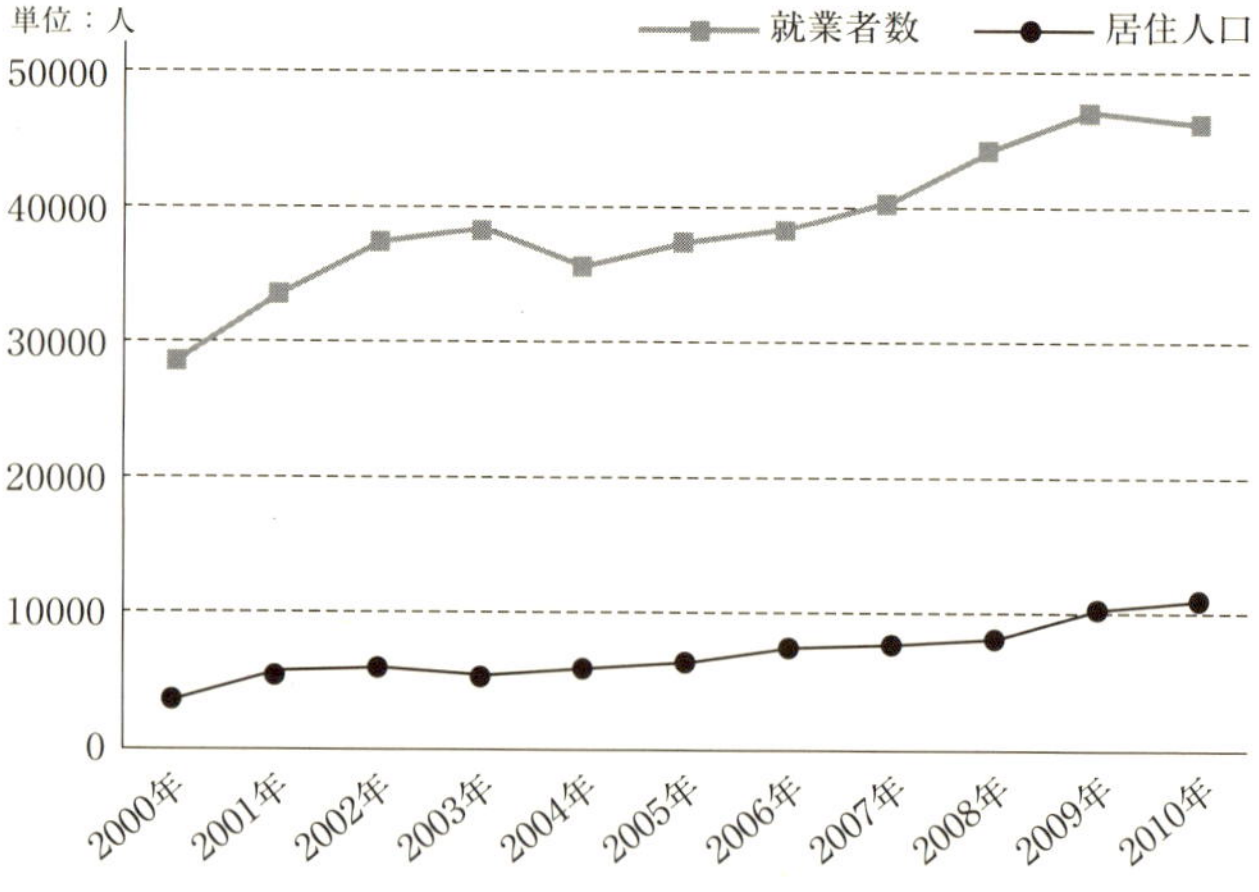

図 5-2　臨海副都心の就業者数と居住人口の推移
（東京都港湾局のデータをもとに筆者作成）

3　担い手不在のお台場ブランド

地域ブランドの主要な担い手は、そこに居住する住民とそこでビジネスを行う事業者である。その地域をどのように盛り立てていくのかを構想し、周りを引っ張っていくようなキープレイヤーが必要である。一般的に、住民やその地域に根差してビジネスを行っている事業者は、地域の活性化が自分の利害に直結するためにブランドの担い手になりやすい。ただし、いくら努力しても単に知名度を上げるだけではブランドはできない。ブランドにはストーリーが必要なのである。

お台場には歴史はあっても文化がないと断定すると誤解を招くかもしれない。しかし、文化の担い手は人であることを考えると、あながち間違いではないと思われる。台場は砲台であって人が住む場所でもビジネスを行う場所でもなかったからだ。

文化がないと地域ブランドはできないというわけではないが、古くからある文化を伝承して維持しながらアピールしていくのに比べれば、新しい文化を作り出しそれを他の地域の人たちに広めるのはより一層困難が伴うだろう。こうした困難の伴う活動を担う、熱意をもった住民や事業者の団体が臨海副都心で作られるのだろうか。

近年、B級グルメによる地域活性化・ブランド化が人気になっている。(注14) 毎年開催されるB-1グランプリでは、静岡県富士宮市の富士宮やきそばや秋田県横手市の横手やきそば、神奈川県厚木市の厚木シロコロ・ホルモン、山梨県甲府市の甲府とりもつ煮など、地域の「B級グルメ」が全国区の知名度を獲得するための登竜門になっている。

この大会に参加しているのは地域の飲食店などの有志が中心となった団体であり、市や街が主導しているものではない。誰かに強制されたわけでもなく、自分たちが住み、ビジネスを行っている地域を盛り上げブランド化するために行っているところがほとんどである。

第2節で見たように、お台場は居住地としての評価が低い。もちろんすでに居住している人の評価ではないので、居住してみたら満足度が非常に高いという可能性も考えられる。しかし理由は不明であるが、居住人口は2003年に一時的に減少している。そのため、何かあれば移動することをいとわないような居住者が多いのではないかと推察される。また、一戸建てはもちろん、ファミリー向けの分譲マンションが少ないことからも、現状では長期的に地域にコミットするような人が少ないと思われる。(注15)

事業者の団体としては、臨海副都心にビルや施設を持つ事業者が参加する臨海副都心まちづくり協議会がある。(注16) 民間だけでなく東京都や港区、江東区といった自治体も参加する団体である。臨海副都心にビルや施設を持っているという点で利害は一致しているのかもしれないが、会員企業・団体の事業は多種多様であり、臨海副都心のブランド化について意見を一致させるのは困難を伴うだろう。

また、この中に個人事業主がいないことも他の地域とは異なる点である。どんな繁華街であっても、地権者や個人事業主が一定数含まれており、金銭的な理由以外での動機付けを持った住民寄りの事業者がいる。地元の治安や風紀の改善のための、ルールの制定や夜の見回りなど、繁華街や歓楽街であっても住民と事業者が一体となって、地域の安全性を高めようと努力している場所も多い。

このように考えると、臨海副都心はブランド化を主導するような個人、あるいは事業者、団体が出にくい可能性がある。また、どちらかの側から熱意のある担い手が出てきたとしても、事業者側には個人事業主がいないことから、地域住民と事業者側の意見のすり合わせが難しいかもしれない。

4　お台場ブランドの未来

地域ブランドの担い手が不在の中、これまでは東京都主導で街の美観・風紀の維持と大型商業・文化施設の誘致を行ってきた。いくつかの空き区画もあるが、概ね埋まってきているようである。2012年に新キャンパスをオープンした武蔵野大学も有明南地区に進出した一校である。このように、臨海副都心はようやく「住民」がそろった段階である。

臨海副都心が開発されて以来、繁華街・観光地として急速に成長を遂げ、成功を収めてきた。これは東京都が十分に計画を立て管理した上で土地を貸し付け、あるいは販売した結果であると同時に、進出した事業者が都市型大規模商業施設という新しいコンセプトを作り上げていった結果であろう。

今後も森ビル株式会社とトヨタ自動車株式会社がお台場（青海地区）の商業施設「パレットタウン」の跡地に、オフィスや商業施設などが一体となった複合施設を建設する予定である。また、三井不動産株式会社と大和ハウス工業株式会社、株式会社サンケイビルが青海地区に建設を進めてきた複合施設「ダイバーシティ東京」の開業など、続々と新しい施設ができつつある。おそらく、繁華街・観光地としての賑わいは当分の間続くものと思われる。大規模なイベントも多数開催され、今後も訪問者数を伸ばしていくだろう。

しかし「ここでしか買えない」、あるいは「ここでしか体験できない」何かを開発・提供していかなくては、新規の投資がなくなったり、近隣に新たな開発があった場合に競争力を維持できない。買い物客はすぐに新しい場所に移っていくだろう。新しい大規模商業施設ができたからといって、人気のテナントの数には限りがある。「買い物の街」というだけでは、20年後、30年後の未来は描けない。

大学をはじめ、教育施設や文化施設も徐々にではあるが整備され始めている。臨海副都心でなくてはできない、臨海副都心発の文化や知識を生み出す拠点作りが求められている。

地域のブランド化は観光資源や特産品、あるいは商業施設といったハードだけではなく、文化や知識、歴史といったソフトも充実しなくてはできないのである。ソフトを充実させるためには、それを作り出し伝承していく、街を愛する人々が必要である。

注

注1　鹿児島県黒豚生産者協議会ウェブサイト（http://www.k-kurobuta.com/）
注2　箱根温泉旅館協同組合ウェブサイト（http://www.hakone-ryokan.or.jp/）
注3　社団法人草津温泉観光協会ウェブサイト（http://www.kusatsu-onsen.ne.jp/）
注4　由布院温泉旅館組合ウェブサイト（http://yufuin.coara.or.jp/）
注5　お台場ができあがる歴史的な背景については第1章を、再開発を巡る経緯については第2、3章を、それぞれ参考にしていただきたい。
注6　日経流通新聞　2005年3月9日。なお、この調査は首都圏30キロメートル圏内在住の成人男女880名を対象に行われた。このランキングは「行くようになった繁華街」と「行かなくなった繁華街」をそれぞれ2か所まで選択してもらい、前者から後者の割合を引いた数字で作成されている。ちなみに、第2位は横浜・みなとみらい、「行かなくなった街」のトップは渋谷であった。
注7　日本経済新聞　2005年7月20日、22日、26日。なお、この調査は東京都内在住の2000人を対象に、インターネットを使って行われた。回答率は30・7パーセントであった。
注8　日本経済新聞　2006年7月27日
注9　日本経済新聞　2006年3月15日。第1位が富良野（北海道）、第2位が尾道（広島県）、第3位が沖縄、第4位がお台場である。
注10　日経流通新聞　2010年6月21日。森ビル社長、森稔氏のインタビューより。

注11　日本経済新聞　２００６年7月20日
注12　株式会社マルエツお台場店と、池栄青果株式会社のスーパーフェニックスお台場店の２店舗。
注13　日本経済新聞　２００７年7月13日
注14　Ｂ級ご当地グルメでまちおこし団体連絡協議会が主催するＢ－１グランプリのウェブサイト(http://b-1grandprix.com/)
注15　台場地区には港区立の小中一貫校があり、そこには３７０名程度の生徒が在籍しており、地域の担い手が育ちつつある(http://www1.r1.rosenet.jp/odaiba-g/)。また、２０１１年には有明地区に江東区立の小中学校も開校した。
注16　臨海副都心まちづくり協議会のウェブサイト(http://www.seaside-tokyo.gr.jp/)

参考文献

関満博・古川一郎編『「Ｂ級グルメ」の地域ブランド戦略』新評論、２００８年
電通ａｂｉｃ ｐｒｏｊｅｃｔ編『地域ブランドマネジメント』有斐閣、２００９年
中嶋聞多「地域ブランド学序説」『地域ブランド研究』第1号、２００５年、33－49頁
和田充夫『ブランド価値共創』同文館出版、２００２年

第6章

東京都のエネルギー政策と臨海副都心

―『2020年の東京』を手がかりに―

鳥谷昌幸

1　3・11以後の東京都のエネルギー政策と臨海副都心

「3・11」の経験は、日本人にエネルギーの重要性を痛感させた。

ある人は福島第一原発の建屋が水素爆発で吹き飛ぶテレビ映像を繰り返し見せられるうちに、「脱原発」を考えるようになったかもしれない。

別の誰かは原発事故の影響によって実施された「計画停電」に困惑しながら、「とにかく電気が足りない生活は本当にごめんだ」と思ったかもしれない。

あるいは急激な脱原発への動きが電気料金の高騰を招き日本経済に悪影響を与えることを危惧する人もいたかもしれない。

こうした個々の思いのなかには誤解や思い込みなどが含まれているかもしれない。しかし、とにもかくにもエネルギーについて考えることの重要性は人々に共有され、3・11後、全国各地で将来に向けて、既存のエネルギーシステムを変えていこうとする動きが活発化していくことになった。

本章で取り上げる臨海副都心の話題も、こうした全国的なエネルギー政策の新動向のひとつとして理解すべきものである。

3・11後、原発事故への心理的パニックの余韻が残る時期に、エネルギー関連の話題としてもっとも注目を集めたのは、ソフトバンク・孫正義社長による大胆なメガソーラー（出力1000キロワット＝1メガワット以上の大規模太陽光発電施設）の建設構想であった。

孫氏は20メガワット級の太陽光発電施設を全国各地に10か所設置するという計画を打ち出し、そのために必要な資金を800億円近く拠出する用意があることを表明し大きな話題を呼んだ。孫氏のような著名な経済人が、再生可能エネルギーの普及に積極的に関わろうとしたこと自体非常に画期的なことであった。

しかし、財界主流からは、再生可能エネルギーの普及策に対して非常に消極的、否定的な声が多く聞かれた。特に鉄鋼、化学、電機などの産業分野では電気料金の高騰によって大きな負担を抱え込むことが予想され、再生可能エネルギーの買取を電力会社に義務付ける制度（FIT＝固定価格買取制度）を警戒する発言がしばしばみられた。経団連の米倉弘昌会長は「企業が海外に製造拠点を移転せざるを得ない」との懸念を示したほどである。(注1)

さて、本章では以上のようなエネルギー政策を取り巻く昨今の展開のなかで、東京都が独自に提起してきた一連の提案について注目していきたい。

この間、東京都の石原都知事、猪瀬副知事の発言がマスコミにしばしば取り上げられた。石原知事は都の定例記者会見席上で、孫氏が主導するメガソーラー構想について「一体どれぐらいの時間で、どれだけ出来るか分かったものじゃない」「まだるっこしい」と否定的な見解を示した。そして東京はもっと手っ取り早く100万キロワット級の発電所を建設して、電力の安定供給のための環境整備を行うと述べたのである。(注2)

2011年8月、東京都は猪瀬副知事を座長とする「東京天然ガス発電所プロジェクトチーム」を発足させてこの事業に着手した。猪瀬副知事はプロジェクトチームの一連の活動成果を自らのブログや各種メディア上にて同時進行で紹介している。

それらの文章では電気料金の高騰を不安視する企業関係者に積極的なメッセージを発信し続けることの重要性が繰り返し力説されている。企業の国外移転によって産業の空洞化が進むことを何としても防ぐ必要があること、そのためには、本来日本政府がもっと積極的なエネルギー政策を打ち出していく必要があるものの、その対応があまりに遅々として進まないこと、そうであるがゆえに、東京都が率先して〈電力の安定供給〉実現のために行動せざるを得ないことなどが語られている。(注3)

プロジェクトチームは、知事本局に加えて、環境局、財務局、都市整備局、建設局、港湾局、交通局、水道局、下水道局など8局に及ぶ部局が関与する大型のプロジェクト体制である。そしてこの都庁をあげて取り組むことになった大規模なエネルギー政策の概要は、２０１１年12月に発表された都市戦略報告書『２０２０年の東京～大震災を乗り越え、日本の再生を牽引する』に組み込まれて広く世に問われることとなった。

興味深いことに、この報告書においては、本書の注目する臨海副都心地域においても、東京都が独自の送電網を構築するというプロジェクト案が提起されている。この地域で既に利用されている「共同溝」（上下水道、電気、ガス、情報通信などのライフラインをまとめて収容している地下施設のこと。第8章も参照）に、東京電力から独立した新たな送電線を敷設するという事業である。

以下においては、この臨海副都心の事業を組み込んだ東京都のエネルギー政策がいかなるものかを理解するべく、報告書『２０２０年の東京』の内容、また猪瀬副知事の一連の発言を検討していきたい。

また最後に、大阪府・市によるエネルギー戦略会議の政策方針などと比較しつつ、自治体がエネルギー問題に取り組み始めた社会的意味について考えてみたい。

2　『2020年の東京』におけるエネルギー政策の思想

東京都がエネルギー政策に取り組まざるを得なくなった直接の原因は、他でもない3・11福島原発事故そのものである。この事故によって東京電力が所有する福島原子力発電所の910万キロワットにも及ぶ膨大な電力供給の道が断たれた。また菅直人前首相の指示によるストレステスト実施のため新潟の柏崎刈羽原発も1号機、7号機、5号機が順次検査のため稼働を停止することになった。6号機も2012年3月下旬から検査に入っている。こうして中越沖地震によって停止していた2号機、3号機、4号機もあわせると2012年末までに、東京電力が所有する原子力発電所は全て稼働停止することになったのである（表6–1参照）。

『2020年の東京』は、東京都が中長期的な都政運営の全体的方針を描いた都市戦略の報告書であり、一部の政策領域に特化したものではないが、3・11の経験を反映して、エネルギー問題が防災問題と並んで大きな位置づけを与えられている点が特徴的である。

報告書では、以上のような全原発の稼働停止という事情に加えて、原発停止後の切り

表 6-1　東京電力　原発運転状況（注4）

発電所		設備容量 万 kW	状　況	備　考
福島第一	1号	46.0	停止中	東日本大震災、重大事故
	2号	78.4	停止中	東日本大震災、重大事故
	3号	78.4	停止中	東日本大震災、重大事故
	4号	78.4	停止中	東日本大震災、重大事故
	5号	78.4	停止中	東日本大震災
	6号	110.0	停止中	東日本大震災
福島第二	1号	110.0	停止中	東日本大震災
	2号	110.0	停止中	東日本大震災
	3号	110.0	停止中	東日本大震災
	4号	110.0	停止中	東日本大震災
柏崎刈羽	1号	110.0	定期検査中	2011年8月6日～
	2号	110.0	停止中	中越沖地震
	3号	110.0	停止中	中越沖地震
	4号	110.0	停止中	中越沖地震
	5号	110.0	定期検査中	2012年1月25日～
	6号	135.6	定期検査中	2012年3月26日～
	7号	135.6	定期検査中	2011年8月23日～

札として都が期待する火力発電もまた大きな問題を抱えていることが指摘されている。首都圏には35年を超える老朽化した火力発電所が1500万キロワットも存在しており、発電効率の低さ、環境負荷の高さなどの問題点を抱えて大規模なリプレース（更新）事業が必要とされているというのである。こうした中で肝心の東京電力は、福島原発事故の賠償、補償によって経営そのものが危うい状況であり、電力制度改革に向けて重い腰をあげるようになった

政府も政策対応のスピードがあまりに遅く頼りにならない。だからこそ東京都がエネルギー政策に積極的に取り組まざるを得ないというわけである。

東京都が定めるエネルギー政策の大方針は、簡単に言うと〈自前の発電能力を高める〉ということである。福島、新潟などの遠隔地に集中立地された発電施設から大量の電気を送ってもらうシステムを改めて、「電気の地産地消」を目指すということである。しかも、経済成長と低炭素化の両立という要請を満たしながら、この地産地消の新しい方法で「エネルギーの安定供給」を実現しなければならないというのが東京のエネルギー政策の基本的な思想である。

こうした政策目標を具体化するために設けられたプロジェクトが、「東京産電力300万キロワット創出プロジェクト」と「スマートシティ・プロジェクト」(注5)である。『2020年の東京』の目標を実現するために策定された「実行プログラム2012」によると、3年間の期間設定のもと具体的な到達目標が明示されている(表6-2参照)。表6-2のI~Ⅲは「東京産電力300万キロワット創出プロジェクト」に関するものであり、Ⅳは「スマートシティ・プロジェクト」に関するものである。

「東京産電力300万キロワット創出プロジェクト」の目玉事業として位置づけられているのがコンバインドサイクル方式型の天然ガス発電の建設である。これは、「ガス

表6-2　東京都のエネルギー政策　年次計画

		平成23年度まで（見込み）	年次計画			3年後の到達目標
			24年度	25年度	26年度	
Ⅰ	100万kW級の天然ガス発電所の設置	事業可能性の調査など	詳細検討	→	→	着手
Ⅰ	官民連携インフラファンドの創設	検　討	創　設	活　用 →	→	発電所の新設・更新に活用
Ⅱ	臨海副都心への分散型エネルギーネットワークの導入	検　討	事業スキームの詳細調査	→	→	構築
Ⅱ	都市再開発と連動した整備促進	コージェネレーションシステム等導入支援の検討	支援開始	導入促進 →	→	自立分散型電源の導入（16000kW）
Ⅱ	都庁舎の電力供給体制の多元化	実施設計	稼　働	→	→	3000kWの電力供給
Ⅲ	住宅等への飛躍的な導入拡大	太陽光発電など太陽エネルギー機器導入支援	導入支援	→	→	導入拡大
Ⅲ	都有施設等での利用を拡大	太陽光発電 8600kW	→	2000kW →	→	10600kW
Ⅲ	都有施設等での利用を拡大	小水力発電 2000kW	→	240kW →	→	2240kW
Ⅳ	民間の力を活かしたリーディングプロジェクト	大丸有地区におけるエネルギーマネジメント調査	事業化可能性検証調査	民間事業者による事業化の推進	→	都市づくりにおけるエネルギーマネジメントモデルの提示
Ⅳ	民間の力を活かしたリーディングプロジェクト	都市再生ステップアップ・プロジェクト竹芝地区で事業実施方針を公表	協定締結 →	設計・工事 →	→	
Ⅳ	民間の力を活かしたリーディングプロジェクト	集合住宅におけるエネルギーマネジメントのモデル事業	実施方針の公表	協定締結 工事	→	

（「『2020年の東京』への実行プログラム2012」（本文）41頁より引用）

タービン発電と蒸気タービンによる発電を組み合わせたシステムで、発電した後に廃棄されたガスの廃熱を使って、もう一度蒸気タービンを回す非常に効率のいい発電方式」（石井、２０１１年7月）といわれている。

天然ガス発電所の建設が目玉事業であるという点には、東京都のエネルギー政策の思想の明確な特徴が見て取れる。ポスト原発依存社会でエネルギーの主役を張るのは何かという問題をめぐって、再生可能エネルギーを唯一の方法であると考える立場もあるが、石原都知事や猪瀬副知事はそのような意見には懐疑的なようである。猪瀬副知事は、再生可能エネルギーが主軸となる社会の実現にはまだ時間がかかるのだから、「つなぎ」の方式として天然ガスに注目するのが最も現実的であると指摘している。[注6] 副知事が推薦の言葉を添えている著書『脱原発。天然ガス発電へ』（アスキー新書）の著者であるエネルギー・環境問題研究所代表の石井彰氏は、天然ガス発電の利点を次のようにまとめている。

〈天然ガス発電の利点〉

・コストは再生可能エネルギーよりもはるかに安い

・CO_2排出量といった環境負荷が、化石燃料の中では圧倒的に低い

・石油と違い、中東に多く依存しない
・必要な資源量を確保しやすい
・電力会社などエネルギーを作る側の省エネが簡単に達成できる
・即効性・簡便性が高い

副知事を中心としたプロジェクトチームでは、東京湾の臨海地域から5箇所の候補地をリストアップし、事業モデルの検討を進めている。『2020年の東京』では、東京都をはじめとする首都圏の自治体が参画する形で「官民連携インフラファンド」を立ち上げ、発電事業に対する国内外からの民間投資の呼び水とする資金をこれら自治体が拠出するアイデアなどが語られているが、『2020年の東京』では東京都をはじめとする首都圏の自治体が参画する形で「官民連携インフラファンド」を立ち上げ、発電事業に対する国内外からの民間投資の呼び水とする資金をこれら自治体が拠出するアイデアなどが語られている。(注7)

3　エネルギー・セキュリティ政策としての臨海副都心送電網構築事業

臨海副都心の事業については、3・11後の計画停電の混乱を念頭に置きながら理解すればよいだろう。東京で実施された計画停電（というよりは「無計画停電」）が都市生活に大きな影響を与えたことは記憶に新しい。企業の生産活動や医療機関の活動が制限を余儀なくされ、鉄道などの公共交通機関においても混乱が相次いだ。信号の停止による交通事故やエレベーターに閉じ込められるトラブルなども発生した。政府と東京電力が公表した電力需給見通しでは、当初、真夏の電力需要のピーク時には最大1500万キロワットもの電力が不足するとの予測が示され、企業や公共交通機関、病院などあらゆる場所でその対応に頭を悩まされることになった。

『2020年の東京』では、この計画停電の苦い教訓を踏まえながら、災害時に都市活動が停滞しないためのエネルギー・セキュリティを確保することの必要性が指摘されている。エネルギー・セキュリティを確保するための具体策として報告書では、病院、港湾施設などの東京都所有施設において約1万2000キロワット超のコージェネレーション（＝ガスを用いて発電しながら、その際に生じる廃熱を給湯、空調、蒸気などの形で利用することで高いエネルギー効率を達成しようとする仕組みのこと。以下「コジェネ」と表記）の設備を増強する計画や、福祉施設や中小企業等に自己電源の確保を促すことの必要性などが指摘されている。そして臨海副都心に東京電力から独立した独自の送電網を構築するという事業計画も、まさにこの文脈において登場しているのである。

この事業は表6−2の年次計画にみるように、平成23年度内はまだ「検討」段階にあるため、事業計画の詳細については未確定の事柄も多く、公にされた情報も非常に少ない。（注8）そのため、臨海副都心で既に利用されている「共同溝」の中に東京電力から独立した新たな送電網を追加敷設すること、東京都が民間事業者を支援しながら新たなコジェネの仕組みを導入すること、などの大まかな

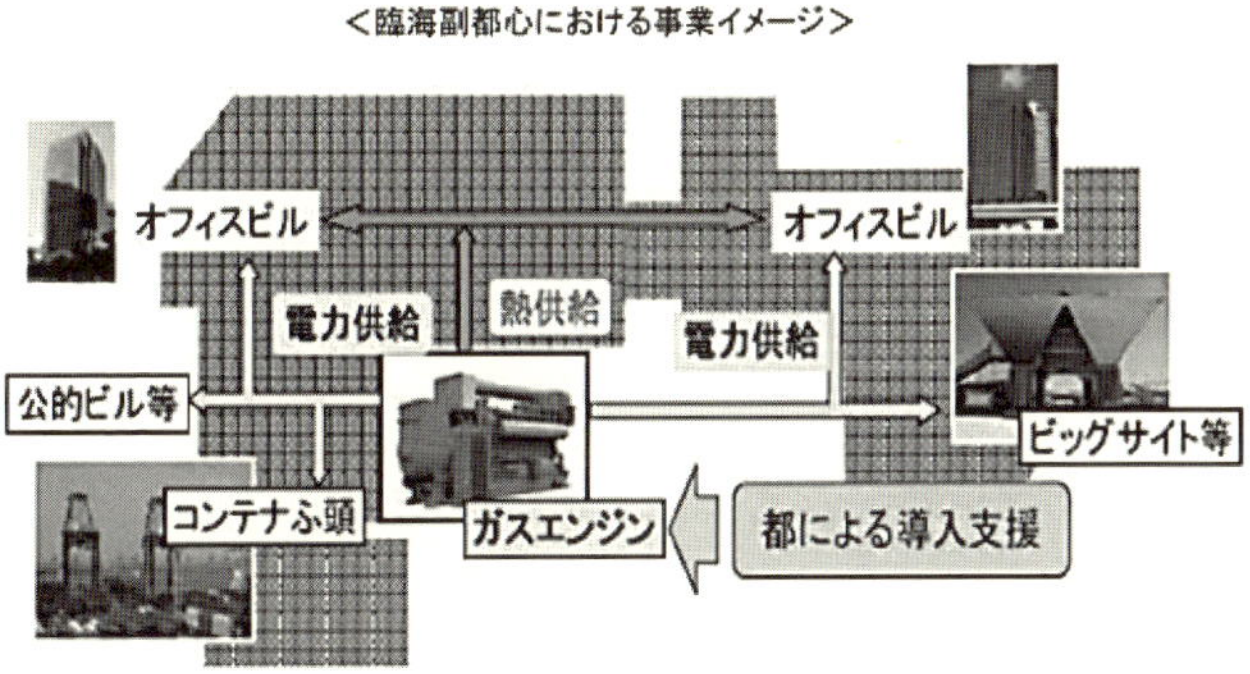

図6-1　『2020年の東京』の示す臨海副都心における事業イメージ
（『2020年の東京』102頁より引用）

事業方針を除いては確たることが分からないのが現状である。

しかし一部の報道では事業の詳細に踏み込んだ記述もみられる。例えばこれまでのところ最も詳細な情報を伝えた2011年11月21日付の日本経済新聞「東京都が電力供給事業」の記事には、次のような説明が掲載された。やや長くなるが2012年2月現在の唯一の詳細情報なので詳しく引用しておくことにする。

東京都は2014年度をめどに臨海副都心に送電網を整備し、電力供給事業に参入する。東京電力の送電網を使わず、民間事業者の発電施設から周辺のオフィスビルに直接電力を送る。大災害で東電からの電力が停止しても安定供給できる体制を築く。送電網は電力会社の事実上の独占が続いているが、同様の動きが広がれば風穴を開ける可能性もある。

都は臨海副都心440ヘクタール内に総延長約6キロメートルの送電線を敷設する。同地区の地下には水道管やガス管などをまとめて収納する「共同溝」があり、この中に送電線を敷くことで投資額を約6億円に抑える。森ビル系の発電事業者などが自前の送電線を使って特定施設に電力を供給している例はあるが、都は送電網を張り巡らせることで供給先を点から面に広げる。

都は発電施設を運営する民間事業者を公募する。コージェネレーション（熱電供給）を使って発電能力は約2万キロワットを想定し、都が発電設備導入費の一部を助成する。都の支出は全体で数十億円程度になるもようだ。

14年度をめどに東京ビッグサイト、東京テレポートセンターなど都の第三セクターが所有する約10の施設とテナント、コンテナ埠頭に電力を供給する。これらの電力需要の4割程度を賄い、東電による供給を補完する。16年度以降は発電規模を2倍に増やし、民間のビルにも供給することを検討する。帰宅困難者の受け入れなどを条件に電力を供給する。

都は整備した送配電網を無料で利用できるようにする方向。電力会社に託送料を払わずに済むため、電気料金を下げることが可能になる。万一、発電設備が故障し電力が安定供給できなくなった場合は東電から電力を調達できるようにする。……（後略）……。

（日本経済新聞　2011年11月21日「東京都が電力供給事業―自前送電網　臨海副都心に」より）

この記事によれば、臨海副都心の事業には①大災害時に備えるためのエネルギー・セキュリティ政策としての意味合いだけでなく、さらに②一般電気事業者[注9]による送電網の独占に風穴を開ける電力制度改革へ向けた布石としての意味合いや、③都内で既に実施されている先行事例（森ビル系の発電事業者の例）をさらに拡大・発展させるという意味合いもあるということだ。エネルギー問題を専門とする評論家のブログ記事の中には、この記事を引用しながら、②や③について踏み込んだコメントを行っているものがいくつか見受けられた。

しかし、結論からいうと、社会的な意義という点では①に絞り込まれると考えるのが自然であろう。②と③についてはやや性急な解釈という印象を拭えない。

【送電網の独占に風穴⁉】

まず②について言えば、東京電力など一般電気事業者が送電網を独占していることの問題点が3・11後マスコミで「発送電分離」などのキーワードを通して大きく取り上げられるようになってきたことは確かである。しかしそれは既存の一般電気事業者が送電網を独占することで、新規の「特定規模電気事業者（PPS）(注10)」や「独立発電事業者（IPP）(注11)」の参入が実質的に妨げられていることを問題にするものである。問題の焦点はあくまでも既存の送電網にいかにして〈公共性〉を持たせることができるか、新規事業者の競争を促す形で送電網の開放を実現できるかという点にあるはずだ(注12)。

東京電力とは別のインフラを新たにつくることによって独占を崩すという方式ではコストがかかり過ぎる上に、開発可能な地域があまりにも限定されてしまう。第4節で言及するように、東京都も電力制度改革に積極的に関わろうとしているようではあるが、少なくとも臨海副都心の事業をこの文脈で理解することは適切とは思えない。

【六本木ヒルズの事例との相違点】

次に③について。記事でいう森ビル系の発電事業者とは、六本木ヒルズの六本木エネルギーサービス㈱のことであろう。ただこの事例と臨海副都心のケースでは事情が大きく異なり単純比較は難しいようである。

震災後六本木ヒルズを視察した猪瀬副知事のブログ記事(注13)によると、同施設は、六本木エネルギーサービスが管理するコージェネレーションシステムによって電気と熱の供給を受けている。コジェネには細かくみるといくつかの方式があるが、六本木ヒルズの場合は、都市ガスを利用した「ガスタービン」方式であり、1基6360キロワットの蒸気噴射型ガスタービン6基を使っておよそ4万キロワットを賄っているという。

留意すべきは、この六本木エネルギーサービスが、「特定電気事業者」という枠組みで事業展開を行っているということだ。特定電気事業者とは、特定の供給地点（限定された区域）における需要に応じて電気を供給する事業者のことを指す。現在の法制度のもとでは、特定電気事業者は、「特定地域に100パーセント、365日の供給義務を負う」などの規制が定められているが、六本木ヒルズのように施設をつくる最初の段階でコジェネを導入している事例と異なり、臨海副都心は既に一般電気事業者が電力供給を行っている地域である以上、後から参入する事業者が100パーセント、365日という特定電気事業者の枠組みを満たすことは不可能である。そのため、もしこの枠組みを用いて臨海副都心で事業展開したいのであれば、現行法の規制が緩和されねばならない。

また廃熱利用についても同じような問題があるように思われる。臨海副都心地域の送電網構築事業では、民間事業者によるコジェネの導入を東京都が支援するということになっている。だが、この地域では東京臨海熱供給株式会社が開発当初より地域冷暖房の事業に取り組んでいるので、新規開発の事例と比べるとコジェネの新システムを導入するメリットが格別に大きいようにもみえない。

以上の点を踏まえると、②③のような文脈で臨海副都心の事業の意味づけを考えることは妥当とは言えない。『2020年の東京』の説明通り、大災害発生時に備えたエネルギー・セキュリティの意味に限定して事業の意義付けを考えるのが適当であろう。

4　エネルギー政策の政治的前提

これまで見てきた臨海副都心の送電網構築事業を含む東京都のエネルギー政策は、3・11後に登場した他の自治体のエネルギー政策と比べてどのような点に特色があるのだろうか？　この点について考える場合、おそらくもっとも興味深いのが、橋下徹大阪市長のもとで結成された大阪府市エネルギー戦略会議の政策との対比である。

大阪も東京と同様に電力の大消費地であり、その電力の大部分を福井県若狭湾に集中立地する原発から得ている。そのためストレステストを目的とした原発の運転停止によって電力の安定供給に懸念が生まれることになった。東京と大阪を取り巻く問題の構図はよく似ているのである。

この二つの自治体のエネルギー政策には興味深い共通点と相違点がみられる。まず共通点からみれば、大阪も同じように天然ガス発電の増設によって大阪・関西圏の電力供給能力を補強しようとしている。というより、この事業については東京の猪瀬副知事から情報や知識の提供を受けつつ進めているという。

また、単に自治体で新たにエネルギー政策をつくるということ以上に、東京や大阪など自治体が国の電力制度を変えていくうえで重要な役割を果たすべきであると認識している点でも共通している。2012年1月7日に放映された東京都猪瀬副知事がホストを務める「TOKYO MX」テレビの対談番組『東京からはじめよう』では、大阪・橋下徹市長がゲストに招かれ興味深い対話が行われた。番組内で二人は東京と大阪から日本の電力制度を変えていく道筋について議論し、猪瀬副知事は明治維新に際して「薩長同盟」が果たしたような役割をいま東京と大阪が担うべきだと語っている。

しかし、それぞれの自治体で実施されるエネルギー政策を具体的に見比べるとき、東京と大阪では基本的な思想が異なることが分かる。細かなところは省略してもっとも重要な相違点だけ取りだすと、東京都は原発が動かなければ日本経済が大打撃を受けるという現状認識を前提に自前の電力供給能力の増強やエネルギー・セキュリティの政策に力を入れているのに対し、大阪は原発が動かない場合にどのような影響が生じるかは現状では未知数であるという前提で政策を組み立てようとしている。

もっとはっきり言うと大阪は天然ガス発電など自前の発電能力を高める政策に対応すると同時に「原発がなければ電力不足が生じる」という主張が電力会社の誇大な言い分に過ぎないかもしれないという認識に立ち、もし原発の再稼働がどうしても必要であるというのであれば、その根拠を仔細に示した後に実行せよと述べているのである。

そのために必要な情報として、大阪府市エネルギー戦略会議では、次のような30の項目を洗い出している。

◆電力の安定供給

1. 平成25年3月までの30分単位の電力需要見通し（もし30分単位のデータがない場合は、できる限り詳細な時間単位のデータ）
2. 過去の需要見通しと結果の比較
3. 平成25年3月までの個別発電所の運転予定（原子力が再稼働しない場合）
4. 平成25年3月までの燃料の購入予定
5. 平成24年3月までの収支見通し
6. スマートメーターの設置計画
7. 過去の時間帯別料金制度の導入時における需要動向の分析結果
8. 火力発電所、水力発電所等のこれまでのアクシデントの状況と対応
9. 需給調整契約（随時および計画）の現状とその発動による需要削減の見通し
10. この夏に向けて他社融通の規模・価格の見通し（中部電力等一般電気事業者）
11. この夏に向けてIPP等からの購入規模・価格の見通し

◆原子力発電に対する安心・安全の確保

12. 全ての原子力発電所の立地場所に関するこれまでの地震や地盤などの調査結果
13. 全ての原子力発電所のこれまでの事故に関する情報
14. 全ての原子力発電所でのシビアアクシデントの影響のシミュレーションの結果
15. 原子力発電所でシビアアクシデントが発生した場合の損害賠償に対する備えの状況

◆コストの削減

16. 人件費の内訳
17. 燃料の調達の方法と価格
18. 業務委託先の一覧表と業務委託価格
19. 保養所の一覧表
20. 所有不動産の一覧表
21. 保有株の一覧表
22. 直近10年間の政治家のパーティ券購入実績
23. 直近10年間の学者に対する奨学寄付金などの支援実績
24. 直近10年間の広報の支出実績
25. 検針コストの直近10年間の推移
26. スマートメーターの設置の実績
27. 全発電所の直近10年間の設備利用率

28. IPP、自家発電等からの調達実績

◆その他

29. 直近5年間の取締役会の議事録

30. 現時点での株主の一覧表

（大阪府市エネルギー戦略会議から関西電力への情報開示請求項目（注14））

エネルギー問題、電力制度の仕組みは複雑であるため、原発が止まれば電力不足が生じるといわれれば一般市民は「ならば仕方がない」と思うのが普通であろう。電気を供給するための代替案も持たずに「原発反対」を唱える人間は感情的で無責任という感覚は福島原発事故以後の日本社会においても広く浸透しているように思える。

しかし、これまで〈電力の安定供給〉をめぐる開かれた政策論を可能にするだけの情報は十分に示されてきたとは言い難い。今後のエネルギー政策をしっかりとつくっていくためには、大阪府市エネルギー戦略会議が提示した30項目をはじめとして電力会社は必要な情報を適宜しっかりと開示していくべきであろう。そして東京都で力を入れている独自発電能力の増強、エネルギー・セキュリティに関する政策も、こうした開かれたエネルギー論議の中で、その価値を評価されていくことが望ましい（注15）。

5　おわりに

これまでエネルギー問題は、国家的問題として認識され、自治体が関与する類の問題とはみなされてこなかった。しかし3・11の経験はこうした認識を大きく変えた。エネルギーの大消費地である東京、大阪などの大都市圏の自治体は、都市機能を守るためにエネルギー問題を国に任せるだけではすまされない状況に追い詰められたのである。

臨海副都心において東京都が独自の送電網を構築し、エネルギー・セキュリティを高めようとする事業案が登場したのも、自治体が独自のエネルギー政策を構想せざるを得なくなってきた3・11以後の大きな環境変化を反映してのことだったのである。

エネルギー・セキュリティの問題は今後の都市開発において無視できない領域となってくるであろう。高い自家発電能力を誇り、一般電気事業者（東京電力）からのバックアップも契約されている六本木ヒルズは、優良企業を誘致するための安全・安心な施設環境を提供することに成功している。(注16) こうした先進的な事例から分かるように、今後、災害対策の仕組みと並んでエネルギー・セキュリティの領域は、施設や都市の付加価値を高める手段としてますます注目されていくであろう。臨海副都心の事業がこうした先進的事例のひとつに加わるのであれば、これほど喜ばしいこともない。
ただし、エネルギー・セキュリティを高めていく政策の重要性と電力不足への不安を過剰に煽る主張とは厳密に区別されねばならない。とりわけ、正確な情報が不足するところでは、いたずらに危機意識ばかりが煽られて混乱が生じやすい。かつて70年代前半に起きた第一次石油危機においても3・11後の計画停電騒動のように、社会的、経済的混乱が生じた。しかし、この時原油価格は急激に上昇したものの、多くの人が思いこんでいたように原油の輸入が実際に不足していたわけではなかった（後藤、1995年）。誤った情報、状況認識から「石油がなくなる」「物資が不足する」との思い込みが生じ、社会的、経済的混乱が加速していったのである。
3・11後の計画停電騒動にも同じような側面がなかったか？　現に、原発を止めても直ちに致命的な電力不足が生まれるわけではないと指摘する専門家もいたのである。[注17]　実際のところはどうだったのか？　揚水発電の供給力を適切にカウントしないまま「電力不足」が声高に叫ばれたという指摘や、特定規模電気事業者（PPS）の余剰電力を十分に活かすことなく〈無計画な計画停電〉を実施して、PPSのビジネスチャンスが潰されたという指摘も存在する。[注18]
臨海副都心は自然発生的に生まれた地域ではなく、東京都の開発政策によって生まれた地域である。そのためか、東京の都市開発の方針や都政運営のあり方が大きく変化するようなときにはプラスの意味でもマイナスの意味でも大きな影響を受けやすい地域である。良く言えば東京都の新しい政策思想を他に先駆けて大胆に取り込んで実現していくことが期待されている地域であるが、悪く言えば時代の変化に伴って次々に登場する新規の政策案によって翻弄されやすい地域ともいえるだろう。今回取り上げた送電網構築の事業が前者の良い例となることを祈念し、今後とも東京都の新たなエネルギー政策に注目していきたい。

注

注1　２０１１年7月15日　日本経済新聞記事より。
注2　都知事会見記録は、http://www.metro.tokyo.jp/GOVERNOR/KAIKEN/index.htm（都庁HP内の「石原知事記者会見」にて閲覧可能。本文中の発言内容については、２０１１年「7月15日15時03分~15時27分」の項目を参照（２０１２年2月20日現在閲覧可能）。
注3　東京都のエネルギー政策が前提とするこうした考え方については重要な批判がある。例えば飯田（２０１１年）を参照のこと。
注4　表の作成にあたっては、東京電力のHP（http://www.tepco.co.jp/nu/index-j.html）、原子力資料情報室のHP（http://www.cnic.jp/）上の資料を参考にした（いずれも２０１２年3

月26日時点で閲覧可能）。
注5　スマートシティとは、分散型発電システム、再生可能エネルギー、電気自動車、高効率なビル、家庭の電力使用量の見える化などの技術を使って、都市全体のエネルギー構造を高度に効率化した都市のことである。『2020年の東京』99頁より。
注6　『AERA』2011年7月18日号「作られた『電力不足』　日本全国節電キャンペーンの陰で」より。
注7　『2020年の東京』100頁参照のこと。なおこの官民連携インフラファンドについては、猪瀬直樹「首都圏でファンド創設、〝第2東電〟をつくる」『復興ニッポン』（日経BP社の関連媒体が全て参加するWebサイト　http://rebuild.nikkeibp.co.jp/　2011年11月15日）など副知事自身が各所で発表している文章で考え方の概要が把握できる（同記事についてはﾞ2012年2月20日現在閲覧可能）。
注8　この文章を執筆するにあたって、筆者は東京都港湾局の担当者の方にレクチャー兼インタビューを依頼した。『2020年の東京』や猪瀬副知事のブログについてはこの時教えて頂いたものである。ただし、事業の詳細については今後精査したうえで決めていくとしか言えないとのことであった。日経新聞の記事で書かれている内容の多くも、確定していない内容のものが多く含まれているとのことであった。そこで本章では臨海副都心の事業内容に関する詳しい紹介ではなく、この事業の社会的意味を中心に考えるという方針を採用した。
注9　一般電気事業者とは、一般の需要に応じて電気を供給する事業者のことで、現在は東京

電力のほか北海道電力、東北電力、中部電力、関西電力など全10電力会社が該当する。資源エネルギー庁HPにおける「我が国の電気事業制度について」を参照（２０１２年２月20日現在閲覧可能）。

注10　特定規模電気事業者（ＰＰＳ）とは、電圧２万ボルト以上で受電する「特別高圧」（大規模工場、デパート、大病院、オフィスビルなど）、電圧６０００ボルト以上で受電する「高圧」（中規模工場、スーパー、中小ビル）の需要家を対象に、一般電気事業者が有する電線路を通じて電力供給を行う事業者のことである。２０００年から始まった電力小売りの部分自由化によって生まれた。以上の説明はＰＰＳ最大手の「エネット」のHP（http://www.ennet.co.jp/）による。なおＰＰＳの事業者数は現在40～50程度で数はまだそれほど多くはない。事業者一覧は、資源エネルギー庁HP内（特定規模電気事業者連絡先一覧）で参照できる（２０１２年２月20日現在閲覧可能）。

注11　卸供給事業者ともいわれる。一般電気事業者に電気を供給する事業者で、一般電気事業者と10年以上にわたり１０００キロワット以上の供給契約、もしくは、５年以上にわたり10万キロワット以上の供給契約を交わしている事業者を指す。資源エネルギー庁HPにおける「我が国の電気事業制度について」を参照。

注12　ここで用いている送電線に「公共性」を持たせるという表現は、猪瀬副知事によるものである。副知事のブログ（http://www.inosenaoki.com/）２０１１年12月20日の文章「東京天然ガス発電は世界初。廃熱利用の野菜工場。発電所を迷惑施設ではなく集客施設に」を参照のこと（２０１２年２月20日現在閲覧可能）。

注13　猪瀬直樹のブログ（http://www.inosenaoki.com/）、2011年4月28日「六本木ヒルズは4万キロワットも発電できる。東電無くても無停電の理由」より（2012年2月20日現在閲覧可能）。

注14　「第6回大阪府市統合本部会議資料、資料1－4」より部分的に抜粋。なおエネルギー戦略会議の内容はインターネット上で録画映像を視聴可能（http://iwj.co.jp/wj/open/archives/3874を参照のこと、2012年3月2日現在閲覧可能）。会議で使用されている配布資料については大阪市のHPにもアップロードされている（http://www.city.osaka.lg.jp/kankyo/page/0000159434.html）。

注15　この文章を書くために、筆者は大阪府市エネルギー戦略会議の実質的ブレーンのひとりである飯田哲也氏が所長を務める環境エネルギー政策研究所（ISEP）に問い合わせを行った。「東京都が進めている100万キロワット級の天然ガス発電建設と臨海副都心の送電網構築事業という二つの政策をどのように評価しているか？」という質問に対して、飯田哲也所長から、以下3点を理由として「まったく評価できない」という返信メール（2012年2月9日）が届いた。
①いずれの事業も、建設に数年もの時間を要し、短期的に達成可能な解決策にはならない。②東京都という行政体がエネルギー事業や送電網建設を行うことには疑問を感じる。③いずれの事業も、実効的かつ即効性のある他の施策を無視している。天然ガス発電所の建設についていえば、特に「需要側管理（DSM）と既設の分散発電の買い上げ」を優先するべきであろうし、臨海副都心の事業についていえば、「電力市場改革が最優先」では

ないか。
ただし、①②③の指摘それぞれの意味を筆者は現時点で十分に理解しているとはいえない。大阪府市の今後の政策展開を注視して理解を深めたい。

注16　猪瀬直樹のブログ記事「六本木ヒルズ…」より（2012年2月20日現在閲覧可能）。
注17　代表的論客として環境エネルギー政策研究所の飯田哲也所長がいる。詳しくは飯田・古賀・大島監修（2011年）を参照のこと。ただし、『AERA』2011年7月18日号「作られた『電力不足』　日本全国節電キャンペーンの陰で」のように、2011年の春から夏にかけて起きた計画停電、節電騒動を「つくられた危機」として見る見方はジャーナリズムの一部においても存在した。
注18　『AERA』2011年7月18日号「作られた『電力不足』日本全国節電キャンペーンの陰で」より。

参考文献

飯田哲也『エネルギー進化論――「第4の革命」が日本を変える』ちくま新書　2011年
飯田哲也・古賀茂明・大島堅一監修『原発がなくても電力は足りる』宝島社　2011年
石井彰『脱原発。天然ガス発電へ』アスキー新書　2011年
東京都『2020年の東京〜大震災を乗り越え、日本の再生を牽引する』東京都知事本局　2011年

後藤邦夫「石油危機と省エネルギー政策」『通史日本の科学技術４　転形期１９７０－１９７９』学陽書房　１９９５年１２８－１４２頁

第7章

臨海副都心と武蔵野大学の教育

―日本の高等教育全体の問題性との関連で―

中村孝文

はじめに

武蔵野大学は、いわゆる「大学業界」では、改革の早い大学として名前を知られている。確かに、1998年の現代社会学部設置以来、人間関係学部、薬学部、看護学部などの学部を矢継ぎ早に開設し、今日に至っている。

しかし、大規模な改革は突然始まったものではない。むしろ1995年の文学部の改組による文学部人間関係学科の設置までは、改革は遅々として進まなかった。その時点では、他大学にはるかに後れを取っていたし、教職員の危機感もほとんどなかった。改革の一歩を踏み出すまでには教授会の内外での侃々諤々《かんかんがくがく》たる数年にわたる議論があった。それでも、なかなか一歩を踏み出すには至らなかった。

この章では、学内での大議論を経て1995年の人間関係学科設置時の「テーマ科目」の考え方を紹介しながら、武蔵野大学の共通教育の改革の歴史を紹介する。さらにこの時の考え方や理念が現在の「武蔵野BASIS」につながっていることの説明をし、あわせて「武蔵野BASIS」の目的や特徴を説明してゆきたい。その上で、政治経済学部を例にとって、武蔵野大学が臨海副都心に新キャンパスをオープンすることで推し進めようとしている国際化や産学連携について考えてみたい。最後に日本の大学教育が空洞化してきた原因をふまえて、「リベラル・アーツ」を専門とする政治経済学部の「職業教育」についての基本的な考え方を述べてみたい。

1 武蔵野大学の共通教育の現在

(1) 「テーマ科目」の導入

武蔵野大学のアンダーグラデュエイト教育は、文学部、グローバル・コミュニケーション学部、政治経済学部、人間科学部、環境学部、教育学部、薬学部、看護学部の8学部で行なわれている。また、通信教育部も設置されている。通信教育部まで入れれば1万人を超える学生たちが武蔵野大学で日夜勉学に励んでいる。このうち、グローバル・コミュニケーション学部、政治経済学部、人間科学部、環境学部の2年生以上が有

明キャンパスで学科科目を中心に学修し、1年生は全学部生が武蔵野キャンパスで共通科目を中心に学修する。（注1）

武蔵野大学の共通教育は、1991年の大学設置基準のいわゆる「大綱化」以後、積極的に改革が行なわれて現在に至っている。旧設置基準では、一般教育科目、外国語科目、保健体育科目、専門科目の開設がすべての大学に義務づけられていた。しかし、新しい設置基準では、「教育課程の編成方針」と題する第19条において次のように規定している。

「大学は、当該大学、学部及び学科又は課程等の教育上の目的を達成するために必要な授業科目を自ら開設し、体系的に教育課程を編成するものとする。

2　教育課程の編成に当たっては、大学は、学部等の専攻に係る専門の学芸を教授するとともに、幅広く深い教養及び総合的な判断力を培い、豊かな人間性を涵養するよう適切に配慮しなければならない。」

これは、従来の科目区分を廃止し、各大学が大学の教育理念や基本目標を実現するために独自の授業科目設置を可能にした。これがいわゆる「大綱化」の受け止め方であった。これを受けて、国立大学では1990年代半ばまでに、教養部や一般教養科目はほぼ廃止されることになった。各大学は、いわば、前段のみを都合よく解釈したと評することもできるのではないだろうか。

一方、武蔵野大学では、多くの国立大学とは反対に、これを契機として「幅広く深い教養及び総合的な判断力を培い、豊かな人間性を涵養する」ことに大学全体の教育の重点を置くための改革がなされていった。その理由は、19条の後段を大学改革の重要な示唆と受けとめたからにほかならない。すなわち、大学の学士課程教育は、アメリカのAmherst CollegeやSwarthmore Collegeなど評価の高いリベラル・アーツ・カレッジにもっとも典型的にみられるように、リベラル・アーツであるべきだとの考え方が根底にあったといってもよいだろう。

この考えに基づいて行なわれた最初の改革が、1995年(平成7年)の人間関係学科の設置であった。この学科は文学部の中に設置されたが、設置の背後にあった理念は、レイト・スペシャリゼーションlate specializationや大学院進学の推進をはじめとするリベラル・アーツ・カレッジの発想だった。その教育の入り口として具体化されたものが「教養ゼミ」「テーマ科目」「人間論基礎」「人間関係基本演習」であった。

「教養ゼミ」はいわゆるアカデミック・スキルの修得を目標として設定された。現在でこそほとんどの大学に同種の科目が設置されているが、当時はまだ一般的ではなかった。今この点について委細に論じる余裕はないのでここまででとどめておきたい。むしろここで説明しなければならないことは、「共通科目」の核心部を構成する「テーマ科目」についてである。

「テーマ科目」は全部で9テーマが設けられた。テーマを選定する際の原則は概ね以下のようなものであった。①従来の一般教育科目のように、教科書的で、現代社会とレリヴァントでない科目設定は避け、現代社会が直面している問題を取り上げる。②しかし、一般教育科目をまったく否定するのではなく、人文科学、社会科学、自然科学のそれぞれの領域の方法論と知識が身につくようにする。③一つのテーマについて、多様な角度から解明を試みる。④知識注入型ではなく思考力や表現力などの能動的能力、問題発見解決能力を養う。

以上の方針に基づき下記のとおりの科目が設定された。

1 女性の生き方を考える ①女性史 ②ジェンダー論 ③女性と労働 ④まとめ
2 芸術のすすめ ①音の世界 ②色彩と生活 ③形の美 ④まとめ
3 市民としての生活 ①法と人権 ②生産と消費 ③政治と生活 ④まとめ

4 国際的視野を広げる　①人口問題　②国際関係　③異文化理解　④まとめ
5 生活環境を考える　①薬品と生活　②地理と生活　③食品の科学　④まとめ
6 健康と福祉　①身体運動と健康　②精神の健康　③福祉ということ　④まとめ
7 仏教ホスピス ビハーラ論　①生と死　②老いを学ぶ　③ビハーラ論　④まとめ
8 現代メディア論　①出版論　②放送論　③新聞論　④まとめ
9 自然科学と人間　①資源とエネルギー　②技術と人間　③生命のしくみ　④まとめ

このうち、1から5までのテーマから2テーマを1年次と2年次に合計16単位選択必修、6から9までの中から1テーマ3年次と4年次に合計8単位が選択必修とされた。

また、「テーマ科目」の授業運営についてもいくつかの方針をたてた。①授業は学生参加型として、受講生の主体的学習態度やプレゼンテーション能力の育成をめざす。②2時限連続授業とし、じっくり考えたり、ディスカッションしたりする時間を確保する。③学科の副専攻として位置づける。そのために、従来の一般教育科目のように、1年次・2年次に配当するだけではなく、3年次・4年次にもテーマ科目を配当する。④1テーマを2年間にわたり学修させる。⑤受講学生が、履修テーマについて、最終的には自分自身の意見が持てるように指導する。⑥1テーマ8単位とする。卒業所要単位数124単位のうち、3テーマ24単位を選択必修とする。

以上やや詳しく「テーマ科目」をみてきたが、その理由は、この時の発想が現在の「武蔵野BASIS」の中の「セルフディベロップメント」科目に継承・発展させられているからである。そこで、次に、現在の共通科目である「武蔵野BASIS」について簡単にみておきたい。

(2) 「武蔵野BASIS」と「セルフディベロップメント」科目

「武蔵野BASIS」は、有明キャンパスで学ぶ4学部を含むすべての学生が学部の垣根を越えて武蔵野キャンパスで一緒に学ぶ。はじめから学部ごとにキャンパスを分けてしまえば確かに便利な面はたくさんある。しかし、わざわざ1年次のみを武蔵野キャンパスで過ごすことの狙いのひとつは、武蔵野大学のホームページにも示したように、学部の専門に囚われない「広い視野を身に付ける」ことにある。この「広い視野」が、2年次以降それぞれの学生がどのような学問を専攻するにしても、基礎となる共通の基盤を提供することになると考えるからである。

それでは「武蔵野BASIS」は、具体的にどのような科目から構成されているのであろうか。まず、「心とからだ」を考えるための授業として、建学科目である「仏教学概論」と「健康体育」とがある。次に、「学問を学ぶための基礎」として、「コンピュータ基礎1」、「日本語リテラシー」、「武蔵野BASIS基礎」の3科目が置かれている。また、グローバル化の時代に対応するために「外国語」(政治経済学部の場合には、英語18単位)も重視されている。「自己理解・他者理解」をきちんと行なえることは、すべての学問的営為の基本でもあるが、同時に社会生活を営むために不可欠な能力として位置づけられている。「武蔵野BASIS」のなかでは、「セルフディベロップメント」科目がそれにあたる。この科目は、「基礎セルフ

写真7-1　武蔵野大学・武蔵野キャンパス
「武蔵野BASIS」は有明キャンパスに学ぶ4学部も含めすべての学生が学部の垣根を越えこの緑豊かな環境で一緒に学ぶ

ディベロップメント」と「発展セルフディベロップメント」とからなるが、ここで「広い視野」を身につけるために重要となる科目は「基礎セルフディベロップメント」である。

「武蔵野ＢＡＳＩＳ」の科目構成は、学部の特性によって一部相違点があるものの、「基礎セルフディベロップメント」はすべての学部に共通に置かれている。その点で、まさに、「武蔵野ＢＡＳＩＳ」の核心部分を構成する授業である。そして、前述の「テーマ科目」を発展させた科目がこの「基礎セルフディベロップメント」にほかならない。

次に、この「基礎セルフディベロップメント」について、少し説明をしておきたい。

「基礎セルフディベロップメント」は、「哲学」、「現代学」、「数理学」、「世界文学」、「社会学」、「地球学」、「歴史学」の7テーマから構成されている。それぞれに副題がつけられている。「哲学」には「認識と叡智を学ぶ」、「現代学」には「国家と世界を学ぶ」、「数理学」には「数学的な考えを学ぶ」、「世界文学」には「創造と生き方を学ぶ」、「社会学」には「世間と個人を学ぶ」、「地球学」には「自然と人間を学ぶ」、「歴史学」には「事実と時空を学ぶ」という具合である。

新入生の多くは、家庭、友人、高校という狭い世界の中で20年弱の人生を生きてきて大学に入学してくる。しかも、日本の高等教育の特徴として、高卒後ただちに高等教育の世界に飛び込む。そこは大多数が同年齢の集団でもある。さらに、文部科学省のお墨付きがなければ大学の設置はおろか、学部や学科の設置さえ認可されないしくみになっているため、多様性がほとんどないことも日本の高等教育の特徴である。

たとえば、アメリカの大学を例にとって比較してみよう。アメリカの大学は、教養《リベラル・アーツ》カレッジ、総合型《コンプレヘンシブ》大学、博士号授与《ドクトレート・グランティング》大学、研究《リサーチ》型大学の4種類に分類されるという。日本の大学は、このような分類は行なわれていない。またアメリカの場合フルタイムの学生だけでなく、パートタイムの学生がキャンパスの中に同居している。成人学生、年長の学生の割合は増加しているという。また、当然のことながら、東部の有名私立大学と中西部の小都市の公立大学、カリフォルニアの「140もの建物」をもち、「2万人をこえる学生、2000人の教授団、1万人の職員」をかかえる大学など地域による相違も大きい(注2)。

また、スウェーデンでは、2006年時点で、大学入学者の平均年齢が22・7歳だという。彼らは、高校卒業後にいったん就労する。その後しばらくして、大学に進学してくる。大学卒業後は、入学前の職業から転職したりステップアップしたりしてゆく。政府も若者への社会保障を手厚くしてこうした生き方を積極的に応援してきた(注3)。

アメリカとスウェーデンを比較の対象にとったが、これだけでも日本の大学の画一性とそこに通う大学生の画一性が見てとれる。彼らは、限られた経験のみを積んで大学に入学し、入学後も周囲には類似した仲間しかいない。大学側が「視野を広げる」カリキュラムを用意しなければならない理由の一半はここにある。そのカリキュラムの中核に位置する科目が「セルフディベロップメント」だといってよいだろう。

「セルフディベロップメント」の授業は、すべての学部・学科の学生を、その属性にかかわらずにシャッフルしたクラス編成で行なわれる。1年次生は上記の7テーマをそれぞれ4週間ずつ学ぶ。授業は、2時限連続で行なわれ、最初が講義、後半がグループワーク形式で行なわれる。このような形式は、1995年に人間関係学科の「テーマ科目」を踏襲したものである。学年最後の4週間が成果発表にあてられている点も同様である。

2　日本の大学がかかえる課題

以上みてきたように「セルフディベロップメント」の授業が学生参加型で行なわれる理由は、従来の日本の大学では講義が大教室（大凶室？・大狂室？）で行なわれてきたことへの反省にもとづいている。

写真 7-2　武蔵野大学　有明キャンパス―着工―
2010 年 3 月有明キャンパスの基礎工事が始まった

　丸山眞男も言及しているが、戦前から東京大学法学部はマスプロだった。1学年の定員が650名で、授業は一方通行の講義中心で行なわれる。発言を求められることもないから、授業を通じて新たな友人ができることはない。「新しい友だちというのはほとんどゼロ」であったと彼は回顧している。演習だけが「高等学校の友だち以外」の友だちができる「唯一の機会」という状況であった(注4)。ここで問題として取り上げられなければならない点は、友だちができる、できないという問題ではなく、東大法学部から各大学に受け継がれた、マスプロで、一方通行の講義の弊害である。それは、後進国が先進国にキャッチアップしてゆくためには効率的な知識の伝授方式であったかもしれないが、受容能力や積極的学習意欲の不足する学生に対してはほとんど「教育力」を発揮することはできなかったと評価せざるをえないのではないだろうか。(注5)

現に、同じ東大法学部に学んだ尾高朝雄は次のように告白している。

「私は、いまから三十年前に、外交官になる目的で東京大学の法学部に入った。そうして、外交官試験に備えて、普通の学生がするように法学の勉強をはじめた。ところが、半年たつかたたぬうちに父が死去し、家庭の事情で外交官志望をなげうたなければならないことになった。」

「外交官試験という目標がなくなって見ると、法学というものは、私にとって何の魅力もないものとなってしまった。私は、それでも人なみに学校には通ったが、法学部の講義にはほとんど顔を出さず、図書館に入って哲学や社会学の本を読んだ。私はそれらの学問に、法学とは比較にならぬ興味を感じた。それでも、せっかく入った学校だからと思って、一夜づけの勉強で試験だけは受けた。そのころの法学部の著名な先生たちの顔の多くを、私は試験場ではじめて見おぼえるというような有様だった。(注6)」

金子元久は大学生を四つの類型に分類している。第一の学生類型は「高同調」型、第二は「限定同調」型、第三は「受容」型、第四は「疎外」型がそれである。(注7)尾高のような学生は第二類型に分類できるかもしれない。大教室での講義中心のかつての大学はこのような学生に対して、「教育力」を発揮することはできなかった。しかし、もし、大学がこのようなタイプの学生に対して、学生参加型の授業を取り入れ、思考力や表現力などの能動的能力、問題発見解決能力をそだてる工夫をしていれば、尾高のような学生も遠回りをせずに、法哲学や政治哲学に到達していたのではないだろうか。(注8)

日本の大学は、従来、学生の自主的学習意欲を前提としてきた。しかも、第二類型や、第三類型の学生に対しても、試験さえ受ければ卒業させることを暗黙の合意事項にしてきた。しかし、現代のいわゆる「ユニバーサル化」の時代に伝統型大学はもはや教育機関として役割を果たせなくなっていることは明白である。この点が、武蔵野大学の共通教育改革の前提にある認識にほかならない。

では、いわゆる「専門教育」を含んだ学士課程全体の教育はいかにあるべきなのだろうか。次にこのことを考えてみたい。

3　学士課程教育の目的――特に政治経済学部の目的

(1)　大学と「リベラル・アーツ」

福田歓一は、「人間は成人するのに最も手のかかる動物」であるとしたうえで、成人することを3種類に分類している。第一は、「生理的に大人になること」、第二は「社会的に大人になること」、第三は「精神的に大人になること」である。(注9)このうち個々人を援助して、第二と第三の「大人になること」を促す役割が、現代社会においては学校教育に期待されている。とりわけ、戦前と異なって旧制高等学校の在学中の年齢に相当する18歳の学生を引き受けなければならなくなった戦後の大学教育は、第二と第三の「大人になること」を促す役割を正面から引き受けざるをえない。さらに、現代社会は、

「知識基盤社会」でもある。高等教育を通じてしか、そのような特徴を備えた現代社会に適応する能力を個々人のうちに養成することはできない。こうして、高等教育に期待される役割がきわめて複雑かつ困難になっているところに、日本をふくむ、現代世界の大学が直面する課題がある。

福田によれば、「社会的に大人になること」とは、「他人に依存しないでミスギヨスギができるということ」、「精神的に大人になること」は、「何よりも自分のことだけではなしに、他人のことがわかる、自分にとって馴れ親しんだものだけではなしに、異質のものが理解できるという成熟した心性、メンタリティ」をもてるようになることだという。(注10)

この二つの「大人になること」をうながす役割を大学教育に当てはめて考えれば、前者は、職業教育の必要性として理解できるし、後者は、リベラル・アーツ教育の必要性として読みかえることができる。そして、この二つの目的は、大学がはじめからかかえてきた相異なる二つのミッションを表現している。たとえば、舘昭によれば、12世紀から13世紀にかけて相次いで設立されたサレルノ、ボローニャ、パリ、オックスフォード、ケンブリッジなどの中世の各大学は、上級（専門）三学部（神学、法学、医学）と下級学部である学芸学部（哲学部）とからなっていた。専門の三学部は「伝統的専門職の養成機関」だったのに対して、学芸学部（哲学部）は、「専門学部のための予備教育」

を行なう場であるとともに、「市民の教養としての完成教育」を行なう場でもあった。(注11)すなわち、そこで教授されていた七自由学芸（自由七科）septem artes liberales/seven liberal arts が二つの目的をもっていたのであった。(注12)

大学に伝統的に要請されてきた職業教育とリベラル・アーツ教育という容易にまじりあわない二つの目的のディレンマをいかに解いたらよいのであろうか。このディレンマの乗り越え方の典型的なひとつの解答が以下のようなものである。

「若者の世代の45パーセントが進学するような大学というところでは、やはり基本は教養教育であって、人間の成熟、知的成熟を目指すのが大学本来の姿ではないか」という主張である。「大学（リベラル・アーツ・カレッジ）における知的成熟」が目的とされなければならないという主張で、多くの大学人によって支持されてきている。(注13)

このような主張は、もっともな主張として首肯しうるものであるが、はたして、それが「他人に依存しないでミスギヨスギができるということ」と、「何よりも自分のことだけではなしに、他人のことがわかる、自分にとって馴れ親しんだものだけではなしに、異質のものが理解できるという成熟した心性、メンタリティ」をもてるようになることという二つの大学教育の目的を満たしているのだろうかという点について十分検討が加えられなければならない。

このことを考えるために、「教養」あるいは「教養教育」という言葉の意味について少し回り道をしておきたい。

舘昭によれば、

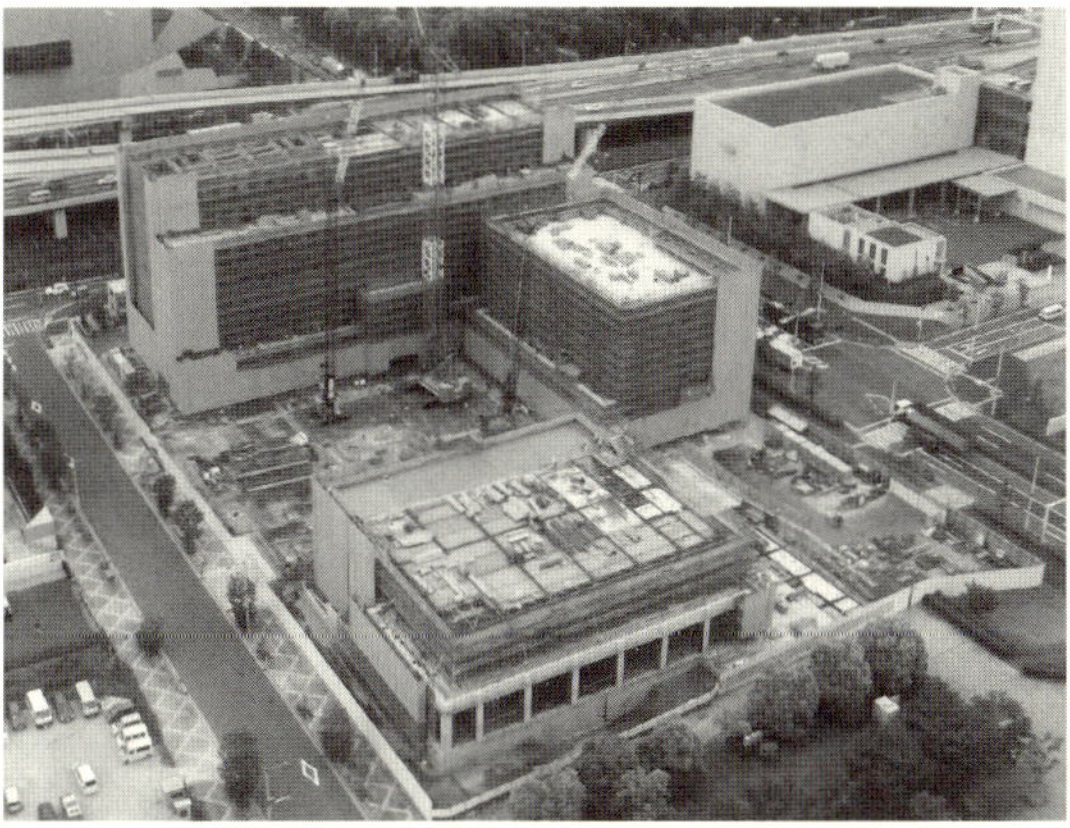

写真7-3　2011年7月、すべての棟が建ちあがった武蔵野大学有明キャンパス

「アメリカの学士教育における専門は、通常は3・4年次に履修されるものであり、これも従来の日本の専門のあり方に似ているが、これに2種類の区分がある点が違っている。アメリカでは、専門はリベラルアーツ（自由学芸）と、プロフェッショナル（専門職）あるいはオキュペーショナル・テクニカル（職業・技能）の区別がある。(注14)」

また近年の日本の大学改革に言及しながら次のようにも言っている。

「せっかく進められている改革ですが、多くの場合、リベラル・アーツと教養とを混同しており、それが混乱を生じさせる要因となっています。教養という言葉がリベラル・アーツの訳語として用いられ、一般教育と合体して用いられてきたことが、混乱を生んだのです。」

「アメリカの大学における学士課程（学部教育）の専門分野は、（中略）『リベラル・アーツ専門』と『職業専門』に分類されます。つまりリベラル・アーツは、労働からの拘束を受ける職業技芸に対して、リベラルすなわち自由な技能という意味であり、専門と対置される概念ではありません。中世では、神職、医師、法曹養成の専門職学部に対して、近代ではそれに新専門職業であるエンジニアやビジネス・アドミニストレータなどを加えた職業人養成のための技芸に対して、言語、数学、人文学、社会科学、自然科学の基礎学術をリベラル・アーツというのです。例えば専門としての物理科学や社会科学は、リベラル・アーツなのです。(注15)」

つまり、日本では、リベラル・アーツを「教養」、「一般教養」と訳し、「一般教養」と「専門科目」を対置するが、リベラル・アーツは「専門科目」だという指摘である。政治経済学部の「学科科目」（「専門科目」）である政治学、経済学などは、「リベラル・

アーツ専門」のなかに位置づけられることになる。そして、それらの専門の学修や研究は「自由な技能」の修得をめざすものであって、職業教育とは異なる目的をもつことになる。

武蔵野大学を例にとれば、薬剤師をめざす目的で設置されている薬学部や、看護師をめざす学生が通う看護学部などは「職業専門」であるのに対して、政治経済学部はリベラル・アーツを専門とする学部ということになるであろう。

(2) 政治経済学部の「リベラル・アーツ教育」と「職業教育」

さて、それでは、政治経済学部のミッションは、職業とまったく没交渉的でよいのであろうか。けっしてそうではないはずである。その理由は明白である。すなわち、学士課程に在学する学生のほぼ全員が卒業後に何らかの職業をつくことになるからである。問題は、「リベラル・アーツ専門」である政治学や経済学がいかなる形で「職業教育」と接点をもちうるかということである。このように問題を設定してみれば、本田由紀の次のような指摘が、この問題を解くヒントを提供してくれる。

本田はまず現在広く実施されている「キャリア教育」について、何人かの論者の批判を引用しながら、「キャリア教育」についての自身の懸念を表明する。たとえば、彼女は、佐々木英一の論文「現代における職業指導の役割と課題 ― ノン・キャリア教育の構築」を引用して以下のように「キャリア教育」を批判する。すなわち、現行の「キャリア教育」が内包する第一の問題点は「心理主義的傾向」をもっていることであり、第二の問題点は、「その範囲と対象の無限定性」である。「心理主義的傾向」とは、「労働市場・雇用問題を回避し、結果的に働く者の『エンプロイアビリティ』のみを問題にしている点」がもつ問題性である。そして、「範囲と対象の無限定性」とは、「『教育指導の範囲と対象が拡散してしまう危険性』、および人生観や労働観など『個々人の価値観にかかわり、激変する今日の社会の中で、簡単に答えの出せない大きな問題』を安易に目標として提示している点」をさす(注16)。

このような「キャリア教育」批判をふまえて、彼女が提起する「教育の職業的意義」は、「特定の専門領域にひとまず範囲を区切った知識や技術の体系的な教育と、その領域およびそれを取り巻く広い社会全体の現実についての具体的な知識を若者に手渡すこと」である。そのように彼女が結論づける理由は、「進路選択とは、若者が自分自身と世の中の現実とをしっかりと摺り合わせ、その摩擦やぶつかり合いの中で、自分の落ち着きどころや目指す方向を確かめながら進んでゆくこと」であり、「そのようなしっかりした摺り合わせが生じるためには」、①「職業人・社会人としての自分自身の輪郭が暫定的にでも一定程度定まっていること」と、②「世の中の現実についてのリアルな認識や実感」という二つの条件がそろっている必要があると考えるからである。

①については、摺り合わせた結果、進路変更の必要が生じたときには、変更可能なように教育課程が「柔軟性と幅を備えた専門教育」として設計されている必要がある、と指摘している。②については、「若者に労働の実態・制度・構造に関する厳然たる知識を伝え、『事実漬け』にすることが有効である」と指摘する。(注17)

個々の学生の「エンプロイアビリティ」のみに重点を置く指導、たとえば、コミュニケーション能力の向上、論理的思考能力の向上、ストレス耐性の向上などなどではなく、「特定の専門領域にひとまず範囲を区切った知識や技術の体系的な教育と、その領域およびそれを取り巻く広い社会全体の現実についての具体的な知識を若者に手渡すこと」に「教育の職業的意義」を置こうとする指摘である。敷衍して述べれば、リベラル・アーツとしての政治学や経済学が果たさなければならない「職業教育」は、その特定の専門領域の課題・研究範囲・研究成果・歴史的形成史・方法論等を徹底的に教えること、それを通じて、専門の眼から、社会の冷厳な事実をしっかりと把握し、その事実に向き合う強靭な精神力を学生に獲得させることであると言えないであろうか。「神々の争い」の中で、その事実を把握し、態度決定を行なう決断力を養うことと言ったら言い過ぎであろうか。（注18）

4　臨海副都心における政治経済学部の課題

これまで考察してきたことをいったん要約して、政治経済学部のミッションを考えておこう。

政治経済学部の専門は「リベラル・アーツ専門」である。それゆえに、政治経済学部の学びは直接に職業上の技術や資格を身につけることを目的とするものではない。しかし、それは、政治学や経済学という専門領域における知識や技術を体系的に教授し、「その領域およびそれを取り巻く広い社会全体の現実についての具体的な知識を若者に手渡すこと」によって、学生たちが進路選択を主体的に行なえるように導く。平たく言えば、世の中のことをしっかりとわからせることによって、進路選択を円滑に行えるようにすることで、将来の進路を方向づけてゆく。これが、社会科学系学部の「キャリア教育」ということになる。

さらに、政治学や経済学の知見は、学生が自分の進路を切り開くための重要なスキルやツールを提供することにもなる。なぜかと言えば、政治学も経済学も独自の分析方法を知見の蓄積がある。学生たちは、そこに蓄積された分析方法や知見を身につけることで、社会を独自に理解し、自分の進路を主体的に切り開くことが可能になる。

本章の初めに紹介した「武蔵野ＢＡＳＩＳ」は、学生たちが「リベラル・アーツ専門」を十分に習得するためのアカデミック・スキルの基本を身につける場である。それは、けっして、ジェネリック・スキルの獲得の場として位置づけられるべきではない。ハンドアウトの作り方、プレゼンテーションの行ない方、コミュニケーション能力の獲得、英語運用能力の向上、レポートの作成の仕方等の習得は、「リベラル・アーツ専門」をきちんと行なうための基本だと位置づけるべきである。

さて最後に、臨海副都心地域へ移転後の武蔵野大学の学びの方向性を政治経済学部を例に取り、おおまかにスケッチしておきたい。

まず、学びの方法の転換が必要となる。具体的には、以下に列挙するとおりである。

大きな枠組みとしては、学生の自主性に期待する教育から「学生コントロール型の教育」への転換がまず必要になる。

次に、この大前提を実現するために授業運営は、以下のように変えることが必要になる。

（1）1科目（3単位）は週2回授業を基本とする

1回の授業時間は90分、1学期では週2回（3時間）×15週＝30回（45時間）が授業による学習時間となる。学生の同時履修科目数を5科目程度に制限する。

（2）学生の自宅学習を増やす

1単位は45時間の学習量に対して与える。

学生が1科目の単位（3単位）を取得するためには、大学で週2回の90分授業に出席する。15週で45時間（1単位分の学習量）の授業による学習に加えて、当該学期15週で90時間（2単位分の学習量）の自宅学習を要求される。これは1週間平均6時間の自宅学習となる。

（3）受講生の宿題の確認（授業時に質問に答えさせる、小テストを実施するなど）

（4）一方通行の講義を最小限にし、質疑応答型や参加型の授業にする。ただし、これは受講生の予習が前提となるので、自宅学習を徹底させる。

（5）1セメスターの途中に1週間、最後に2週間の reading period を入れる。各授業の担当者は、リーディング・アサインメントを指定し、レポートを提出させる。
（6）教科書を作る（または、スタンダードな教科書を使用する）
（7）コア科目につき卒業試験を行なう
（8）卒論を選択制にする（6単位、GPAを基準にして執筆を認める）
（9）オフィスアワーを全教員同一時間にし、その時間に授業は入れない
（10）学生の海外留学が自由に行なえるような制度を構築する

臨海副都心地域は、日本のリーディングカンパニーが拠点を置く地域である。また、周辺に丸の内、銀座、新橋、品川地区をかかえ、現実の経済活動が身近に感じられる場所である。さらに、霞が関、虎ノ門、永田町にも至近である。政治や行政の現場を実感しやすい場所である。

学生に「世の中」の現実を把握させるためにまたとない機会を提供できる場所だといえよう。国際空港としての機能を復活させた羽田空港からのアクセスも容易である。海外から研究者や政治・経済の要人をお招きしたり、学生の留学に至便な位置にある。その意味で、政治経済学部のミッションの実現に相応しい場である。この恵まれた場所の

特典を十分に利用できるように、さらに教育の中身を充実させていきたいと考えている。

おわりに

本文でも述べたように、日本の大学の「職業教育」は「エンプロイアビリティ」の向上に著しく重点がかかっているように思われる。その時、学部や学科の特性はほとんどミニマムに位置づけられることになる。大学が学部や学科から構成されていることは、「職業教育」とは何の関係もないのであろうか。いうまでもなく医学部、薬学部、工学部、看護学部、社会福祉学部などの学部では、大学の学びが職業と直接結合している。

この章では次のことを問題にしたかった。多くの文系学部の学生、たとえば、司法試験を受けない法学部の学生、ビジネススクールに進学しない経営学部や商学部の学生、エコノミストにならない経済学部の学生、政治家にならない法学部や政治経済学部の政治学科の学生たちは、ジェネリック・スキルを身につければいいのであろうか。もしそうであれば、学科の専門科目は何のためにあるのだろうか、ということである。

写真 7-4　武蔵野大学　有明キャンパス―完成・移転―
アカデミックな雰囲気をたたえた建物外観も完成し、2012 年 4 月、4 学部が移転した。

結論は、決して専門教育がジェネリック・スキルの習得を目的とするものではないということである。政治学や経済学を学ぶことで、学問に蓄積されてきた知見を身につけた学生たちは、身につけた専門知によってそれぞれ異なる独自の態度決定ができるようになるはずである。専門知識によって独自の社会理解、進路選択を個々の学生が主体的に切り開けるようになるはずである。それはジェネリック・スキルではなく、「ローカルな知」であるかもしれない。しかし、学生たちの人生の進路を切り開く独自の視点や能力の賦与、そこにこそ今日の専門知が学士課程教育の中で果たす役割があるのではないだろうか。

注

注1　これらの学部と関連の深い言語文化研究科、政治経済学研究科、環境学研究科も有明キャンパスで研究・教育が行われる。

注2　たとえば、E・L・ボイヤー（喜多村和之・舘昭・伊藤彰浩訳）『アメリカの大学・カレッジ』玉川大学出版部　1996年「序言」12-18頁参照

注3　宮本太郎『生活保障』岩波新書　2010年　177-178頁参照

注4　松沢弘陽・植手通有編『丸山眞男回顧談』上　岩波書店、2006年　179頁

注5　ここでは、「教育力」について、金子元久『大学の教育力』の次のような説明にひとまずしたがっておきたい。金子によれば、「大学の『教育力』は（中略）『大学教育が学生に与えるインパクト』」である。金子元久『大学の教育力』ちくま新書　2007年　16頁

注6　尾高朝雄『法学概論』第三版　有斐閣　1984年　2頁「初版はしがき」（1948年）

注7　金子元久　前掲書　19-22頁。金子によれば、第一類型の学生は「自分について自信をもち、しかも将来への展望が明確である。そして大学教育の側の意図と学生の将来展望が一致している。」研究型大学に在学する研究者志望の学生がその例としてあげられている。第二類型は、「学生の自己・社会認識の確立度は高いが、そこから生じる『かまえ』と大学教育の意図が必ずしも一致していない場合がこれにあたる。」勉強はほどほどにして、サークル、ボランティア、アルバイトに時間を使ったり、自分のやり方で自己を確立したりすることに時間を使うことが大学時代の意味だと考えている学生がこのタイプに分類さ

れる。「これまでの典型的な大学観に対応している」学生ともいえる。第三類型の学生は、「大学教育が目指すものが自分にとってどのような意味をもつかは不明確だが、むしろ不明確であるからこそ、とりあえず大学に期待し、その要求に進んで従おうとする。」第四類型の学生は、「自己・社会的認識が未確立で、しかも大学教育の意図との適合度も低い。したがって授業に興味がもてない。サークルや大学外の活動に逃避する場合もあるが、そういった活動にも行きどころを求めることのできない学生」である。

注8　尾高朝雄は、東京帝国大学法学部を卒業したのち、京都帝国大学文学部で哲学や社会学を学び、再び法学に戻ってきている。『法哲学概論』『法の窮極に在るもの』などの著者として知られている。

注9　福田歓一『学問と人間形成の間』東京大学出版会　1986年　110頁

注10　同書　110-111頁

注11　舘昭『大学改革　日本とアメリカ』玉川大学出版部　1997年　61-62頁

注12　村上陽一郎『近代西欧科学』新曜社　1971年　51頁以下参照

liberal arts は、数学、幾何、天文学、音楽（自然を解明するための学問）、文法、修辞学、論理学（聖書を理解するための学問）の7科目から構成されていた。

注13　村上陽一郎『やりなおし教養講座』NTT出版　2004年　92頁

注14　舘昭　前掲書　18頁

注15　舘昭『原点に立ち返っての大学改革』東信堂　2006年　4-6頁

注16　本田由紀『教育の職業的意義』ちくま新書　2009年　156頁

注17　同書158－159頁
注18　マックス・ウェーバー『職業としての学問』岩波文庫　53頁以下

第8章

東京直下地震と東京臨海副都心の災害対策

——行政の災害対策への取組み、制度から考える——

永田尚三

1　必ず東京に来る大震災

(1)　東日本大震災の衝撃

平成23年（2011年）3月11日(金)に発生した東日本大震災は、津波による大きな被害を生じさせ、死者1万5960人、行方不明者4004人（平成23年9月時点）を出す極めて大きな自然災害となった。また福島原子力発電所の事故も併発し、原稿執筆時点（平成24年2月時点）でも事態の終息にはまだ時間を要しそうな状況である。

東日本大震災では、津波の被害が大きかった東北地方が注目されることが多いが、関東地方にも大きな被害をもたらした。特に、千葉県の幕張地域周辺では、大規模な液状化が生じ、臨海地域の埋立て地における液状化被害の深刻さを改めて周知のものとした（写真8－1）。

2011年3月21日時点で、水道断水約4000戸、下水道使用制限約1万1900世帯、都市ガス供給停止約5800件、被害総額734億円と浦安市は推計している。

現在、わが国における重要な関心事の一つが、いずれ必ず首都圏を襲うであろう、大地震への対策である。如何に、大地震の被害を少なく抑えることが出来るのか、防災や減災への取組みが今後も求められている。

特に、臨海地域の埋立地である東京臨海副都心は、住民、通勤者、通学者の生命の安全確保及び、企業や大学の事業継続を考える上で、防災、減災の取組みは最優先課題と言える。

本章においては、まず首都圏直下型地震が来るという各種予想について概観し、更に大震災に対する東京臨海副都心のハード面での備えについて検証をし、最後に東京の災害対策に対して行政ソフト面からの問題点を明らかにし、東京臨海副都心の災害対応能力を今後高める上で、如何なる課題があるのかを考えたい。

写真8-1　液状化により道の真ん中で隆起したマンホール
（千葉県幕張）　　　　（筆者撮影 2011年4月24日）

(2) 首都直下地震についての各種予測

① 国の予測

首都直下地震の発生確率に関しては、各機関が様々な数値を出している。国の研究機関である地震調査研究推進本部・地震調査委員会の予測によれば、マグニチュード7クラス首都直下地震が10年以内に発生する確率が30パーセント程度、30年以内に発生する確率が70パーセント程度、50年以内に発生する確率は90パーセント程度とのことである。

また東海地震は、マグニチュード8クラスの地震が30年以内に発生する確率が88パーセント（参考値）とのことである。(注1)

② 京都大学防災研究所の予測

一方、京都大学防災研究所の遠田晋次准教授が2012年1月時点で試算したマグニチュード7クラス首都直下地震の発生確率は、5年以内28パーセント、30年以内64パーセントとのことである。(注2)

③　東京大学地震研究所の予測

そして衝撃的だったのが、東京大学地震研究所平田直教授のチームが２０１２年１月23日に示した、今後4年以内にマグニチュード7クラスの首都直下型地震が発生する可能性は約70パーセントとする試算である。

ただその後この数値は、サンプルとして使用する地震のデータを広げて再計算した結果、4年以内で50パーセント以下、30年以内では83パーセント以下に修正された（注3）。

④　首都直下地震の発生確率の予測が異なる理由

このように首都直下地震の発生確率の予測は、計算した時期、計算データの範囲等で大きく異なる（表8−1）。

これらの地震発生確率の予測は、基本的にグーテンベルク・リヒターの関係式にあてはめて計算されることが一般的である。グーテンベルク・リヒターの関係式によると、マグニチュードが1小さくなると発生する地震数は8〜10倍に増え，マグニチュードが2小さくなると地震数は64〜１００倍に増大するというものである。それでも、研究機関によって、発生率が異なるのは、観測データの取り方が異なるからである。

特に、京都大学防災研究所の発生確率のデータは、２０１２年1月21日までの首都圏で余震が減ってきた時期のマグニチュード3以上の地震のデータを分析に加えていたのに対し、東京大学地震研究所の最初に発表した発生確率は、2011年3月11日～9月10日の余震が多かった時期（マグニチュード3以上の地震が約350回発生した）のデータをもとに計算されたものだった。その後、計算の時期を12月31日まで期間を広げて再計算した結果、発生確率が修正されることとなった[注4]。

ただ、いずれにしろ首都直下地震は、明日来てもおかしくない状況にあることは間違いがない。1600年以降で、首都圏で発生した地震でマグニチュード8前後の地震は、1703年の元禄関東地震（マグニチュード8・1）と1923年の関東大震災（マグニチュード7・9）の2つだけである。この間220年間隔が空いているので、グーテンベルク・リヒターの関係式に当て嵌め考えると、まだ暫くはマグニチュード8クラスの地

表 8-1　首都直下地震の発生確率の予測の比較

予測機関	地震の規模	予測発生確率
地震調査研究推進本部	マグニチュード7	10年以内に発生する確率が30%程度 30年以内に発生する確率が70%程度 50年以内に発生する確率は90%程度
京都大学防災研究所	マグニチュード7	5年以内に発生する確率が28% 30年以内に発生する確率が64%
東京大学地震研究所	マグニチュード7	4年以内に発生する確率が50%以下 30年以内に発生する確率が83%以下

震は発生しない可能性が高い。（必ず地震が等間隔で発生するという意味ではないが、発生する可能性、そうでない可能性が、ある程度確率論的に予測できるということである）

しかし前述の通りマグニチュードが１減ると、発生数は８倍から10倍になるので、マグニチュード７クラスの地震はもっと多い頻度で発生する可能性が高くなる。それはマグニチュード７クラスの地震はマグニチュード８クラスの地震よりも、短い間隔で起こる可能性が高いことを意味する。ところがマグニチュード７以上の地震が首都圏では、１９２４年の丹沢地震以降約90年近くも発生していないのである（図８－１）。ただし１９８７年に発生した千葉県東方沖地震（マグニチュード６・７）も入れると、約25年発生していないことになる。

気を引き締め、いずれ来ることは間違いのない首都直下地震の対策を更に進めていく必要があることは間違いない。

(3) 首都直下型地震の被害推定

① 中央防災会議の被害推定

中央防災会議は、2005年に「東京湾北部地震」を想定し被害想定を実施したが、それによると、冬の夕方6時、風速毎秒15メートルの寒風が吹きつける状況下で、マグニチュード7・3の直下型地震が発生した場合、死者が約1万1000名、建物の全壊・焼失約85万棟、避難所生活者400万～460万人、また東日本大震災でも問題となった帰宅困難者は600万人におよび、経済的被害は約112兆円に上るという。

また中央防災会議は、18タイプに首都直

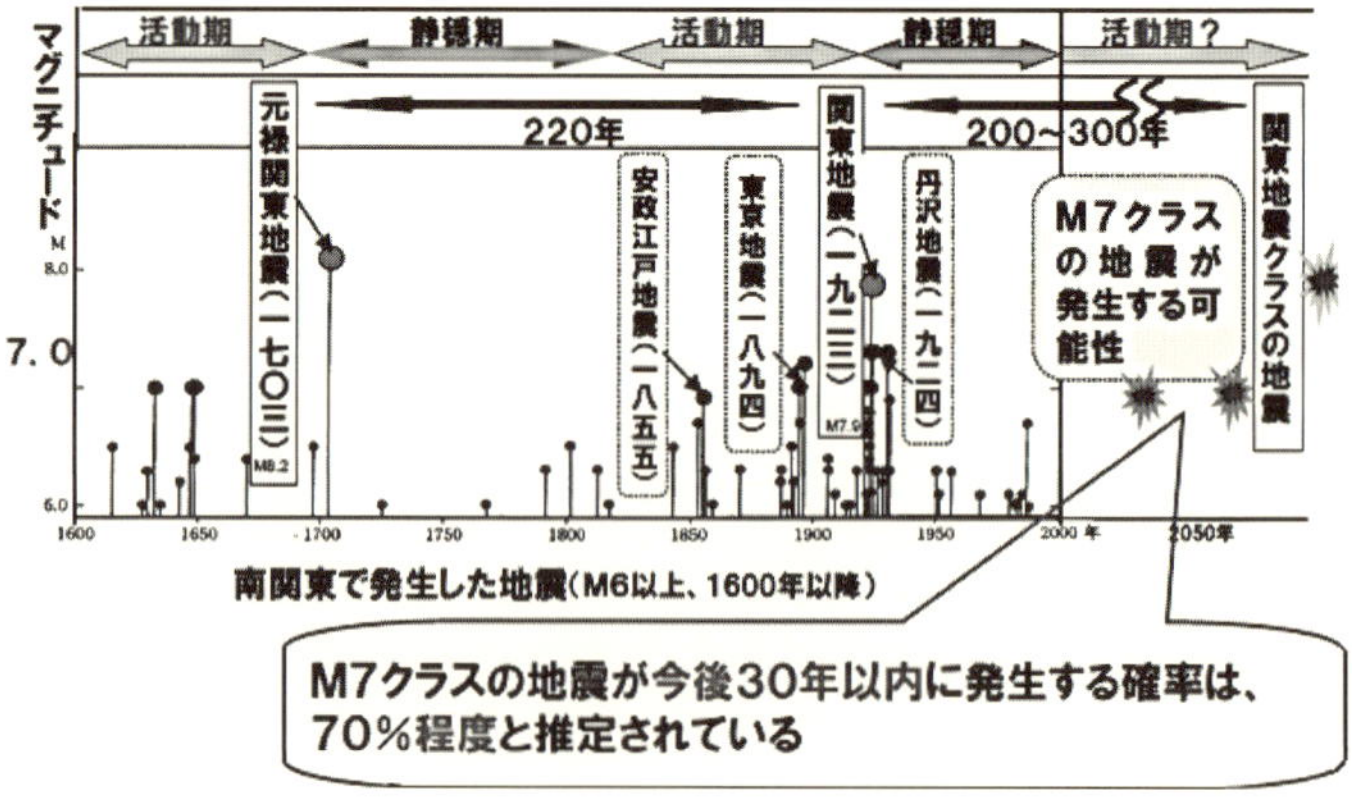

図8-1　首都直下地震の切迫性
（中央防災会議資料「首都直下地震対策について」より引用）

下地震の地震動をパターン分けしているが、建物全壊棟数が最大となるのは東京湾北部地震（約85万棟）、死者数が最大となるのは都心西部地震（約1万3000人）であるという。(注5)

②　東京湾北部地震（マグニチュード7・3）における全壊家屋

中央防災会議の被害想定で建物全壊棟数が最大になると予測される東京湾北部地震では、都県域を超えた広域的な被害となり、現状のままでは荒川域の家屋の全壊が顕著となることが推定されている。(注6)

ただ東京臨海副都心に関しては、全壊する建築物がほとんど無いという想定結果となっている。これは新たに開発された地域なので、旧建築基準で建てられた建築物が存在しないこと、耐震化、免震化に配慮した建築物が多いことが挙げられる。

東京臨海副都心は、後述するが災害に強いまちを目指しており、防災を強く意識したインフラ整備が行われていることにもよる。

また東京湾北部地震では、火災による被害が甚大になることが推測される。全倒家屋85万棟の内、77パーセントにあたる65万棟が火災消失し、死者数1万1000人の内55パーセントにあたる6200人が火災による死者である。

木造家屋密集地である環状6号線、7号線の家屋は、焼失が顕著となる。一方、都心部は建物の不燃化の進展で、火災による被害は少ないとの想定である。東京臨海副都心も、火災による被害は少ないことが想定される。(注7)

ただ、これら中央防災会議の被害推定に対しては、更に被害が大きいとの指摘も近年出されており、見直される可能性がある。

平成24年(2012年)3月8日に開かれた文科省研究チームの最終報告会で、東京湾北部でマグニチュード7・3の地震が発生した場合、中央防災会議の推定した最大震度が「6強」だったのに対して、東京湾岸の広い範囲で震度7の揺れが発生するとする推定が出されたのである。

地表からフィリピン海プレートの境界までの深さが、従来の認識よりも10キロ浅いことが判明したからである。

2　東京臨海副都心の防災

(1)　東京臨海副都心は大丈夫なのか?

このように必ず来る首都直下地震の被害推定において、東京臨海副都心の耐震化、免震化、不燃化はある程度有効であるとの見解が、中央防災会議の被害推定においても示されているように思われる。

しかし先の中央防災会議の被害想定は、関東大震災や阪神淡路大震災における被害を念頭に、想定が行われたものである。東日本大震災においては、周知の通り津波による沿岸部の被害が甚大であった。また液状化の被害も、首都圏では発生した。

果たして東京の臨海地域に位置する東京臨海副都心は、津波や液状化の被害を受けないのか次に検討したい。

(2) 臨海副都心における津波、高潮対策

結論から言うと、東京湾はその地形的構造上からも津波被害の発生リスクは低いと現時点（平成23年12月時点）では考えられている。(注8)

東京の臨海地域は、南西向きに開いた閉鎖性が高く水深の浅い東京湾の最奥部に位置するため、津波よりむしろ高潮の被害を受けやすいと言われてきた。高潮とは、台風等の低気圧が近づくと平常時より水位が高くなる現象のことで、東京では過去に、大正6年台風（大正6年）、キティ台風（昭和24年）で大きな高潮被害を出した苦い経験がある。(注9)

大正6年台風では高潮が発生し、東京都内の広い地域が浸水した。特に南砂や月島、築地の一帯でほとんどの家屋が浸水し、死者・行方不明者1324人を出す大災害となった。

キティ台風でも、満潮時と台風の通過が重なったため、東京や横浜において大きな高潮被害が発生した。堤防を乗り越えた海水による堤防背面の洗掘や堤防への流木の衝突等により堤防が決壊し、死者行方不明者160人を出す、大災害となった。

これら過去の教訓から、東京の臨海地域の海岸保全施設は、伊勢湾台風級の台風によ

る高潮からの防護を目標として設置が進められてきた。また東京都の湾岸部の背後には、いわゆる0メートル地帯（葛飾区、墨田区、江戸川区、江東区）が広がっており、常時防潮堤による守りが不可欠である。

図8-2は、臨海副都心地域の堤防配置状況を示したものであるが、**薄い色の点線**が外郭防潮堤、**黒い太線**が内部護岸、**薄い色の太線**が堤外地防潮堤の設置状況を表している。

外郭防潮堤とは、伊勢湾台風を契機に計画された「東京港特別高潮対策事業計画（昭和35年）」において、当時の既成市街地を高潮などから防護するための防潮堤のことを意味している。内部護岸と

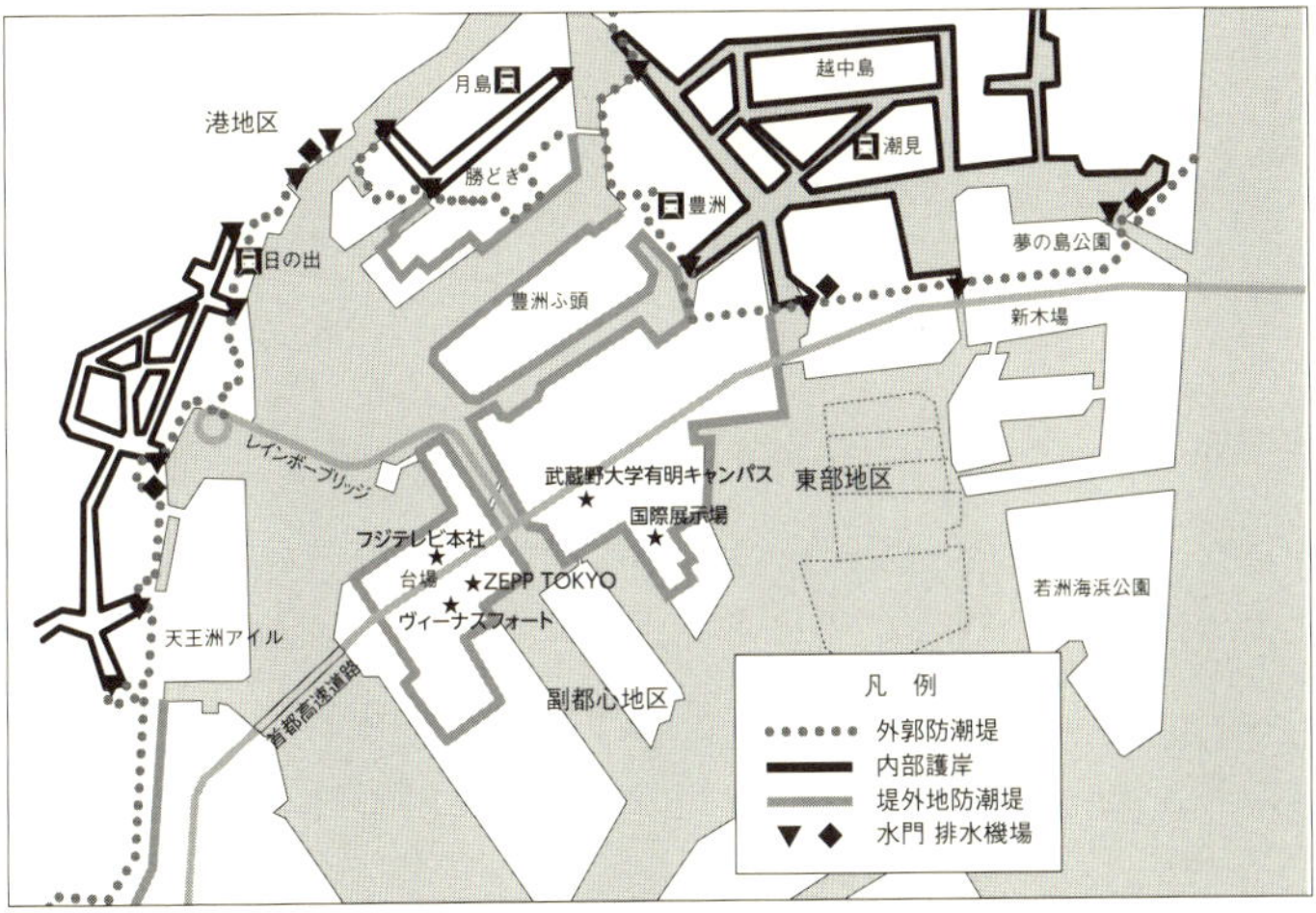

図8-2　東京臨海副都心地域の堤防配置図
（東京都「東京湾海岸の緊急整備への要請」海岸保全施設配置図をもとに筆者作成）

は、外郭防潮堤や水門の内側にある埋立地を浸水などから防護するための護岸を指す。

そして堤外地防潮堤とは、外郭防潮堤外側の埋立地を高潮などから防護するための防潮堤のことを意味するが、臨海副都心の主要な地域は、この堤外地防潮堤で取り囲まれている。まだこれから設置予定の箇所もあるが、現時点の被害想定から考える限りでは高潮、津波被害を受ける危険性は少ないように思われる。

(3) 東京臨海副都心の液状化対策

津波よりも懸念されるのが液状化被害である。こちらの方が、東京臨海副都心においては深刻な問題であるように現時点では思われる。

ただ幸い、今回の東日本大震災では、臨海副都心において液状化は起こらなかった。道路地下に共同溝が建設されており、その基礎も周囲も液状化しないよう改良されているからである。

東京臨海副都心は、「災害に強いまち」をまちづくりのコンセプトの一つにしている。全長16キロにおよぶ世界最大級の高規格の共同溝は、関東大震災級の地震でも耐えられる設計となっており、上下水道、電気、ガス、通信・情報ケーブル等のインフラが収納されている。また電気等のライフラインも、ほとんど2系統でバックアップ体制が整備されている。液状化に関しても、地盤改良を施している。

ただし、東京都の危険度マップによると、図8－3のように臨海副都心でも一部の地域は、液状化が発生する可能性がある。更なる液状化対策が、今後必要といえよう。

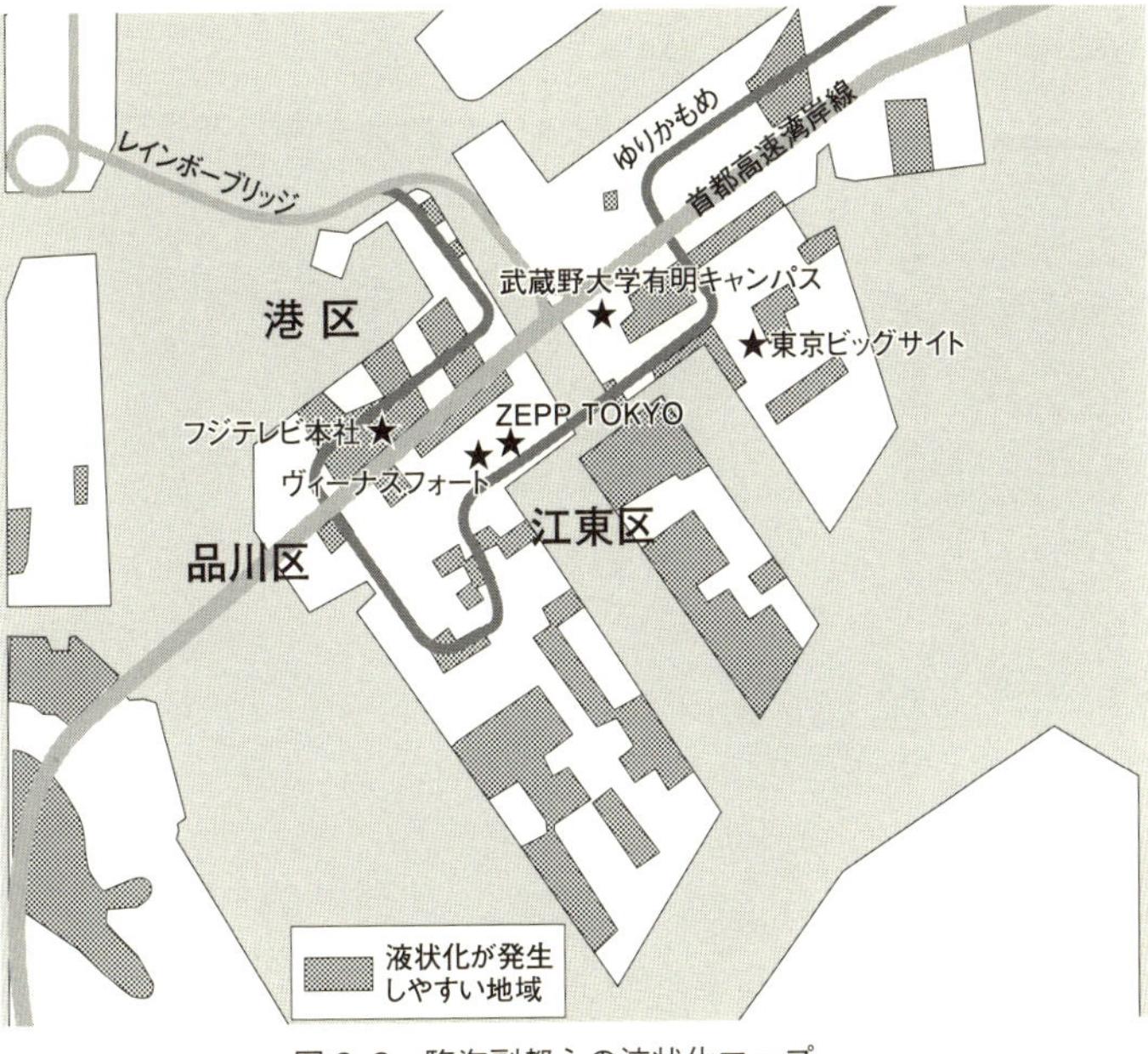

図8-3　臨海副都心の液状化マップ
（東京都土木技術支援・人材育成センターホームページ「情報公開」で公開された、東京都建設局による「液状化予測図」をもとに筆者作成）

(4) 東京臨海副都心における防災インフラ、救助機関

① 東京臨海広域防災公園

次に、東京臨海副都心における防災インフラ、救助機関について、見ていきたい。まず注目すべきが、東京国際展示場（東京ビッグサイト）の斜め向かいの「有明の丘」に位置する東京臨海広域防災公園であろう。

東日本大震災では、被災地市町村の行政機関の多くも被災し、行政職員にも死傷者が出た。被災地の消防本部も大きな被害を受け、消防職員の死者は20名、行方不明者も7名。本部や消防署の全壊が5本部、半壊が1本部、一部損壊に至っては24本部もある。(注10)

その結果、本来被災住民を助ける立場の市町村や市町村消防機関が、助けられる側に回り、被災者救助や災害復興に大きな支障が出た。これは、被災地市町村の一次的責任の原則を掲げる災害対策基本法も、市町村消防の原則を掲げる消防組織法も想定していなかった事態であった。

そのため、自衛隊、消防の緊急消防援助隊、警察の広域緊急援助隊といった組織による広域的応援による救援が被災者救助の主力となった。

写真 8-2　東京臨海広域防災公園のヘリポート
下の見取り図（図 8-4）の矢印の方向に望む
（筆者撮影 2011 年 12 月 30 日）

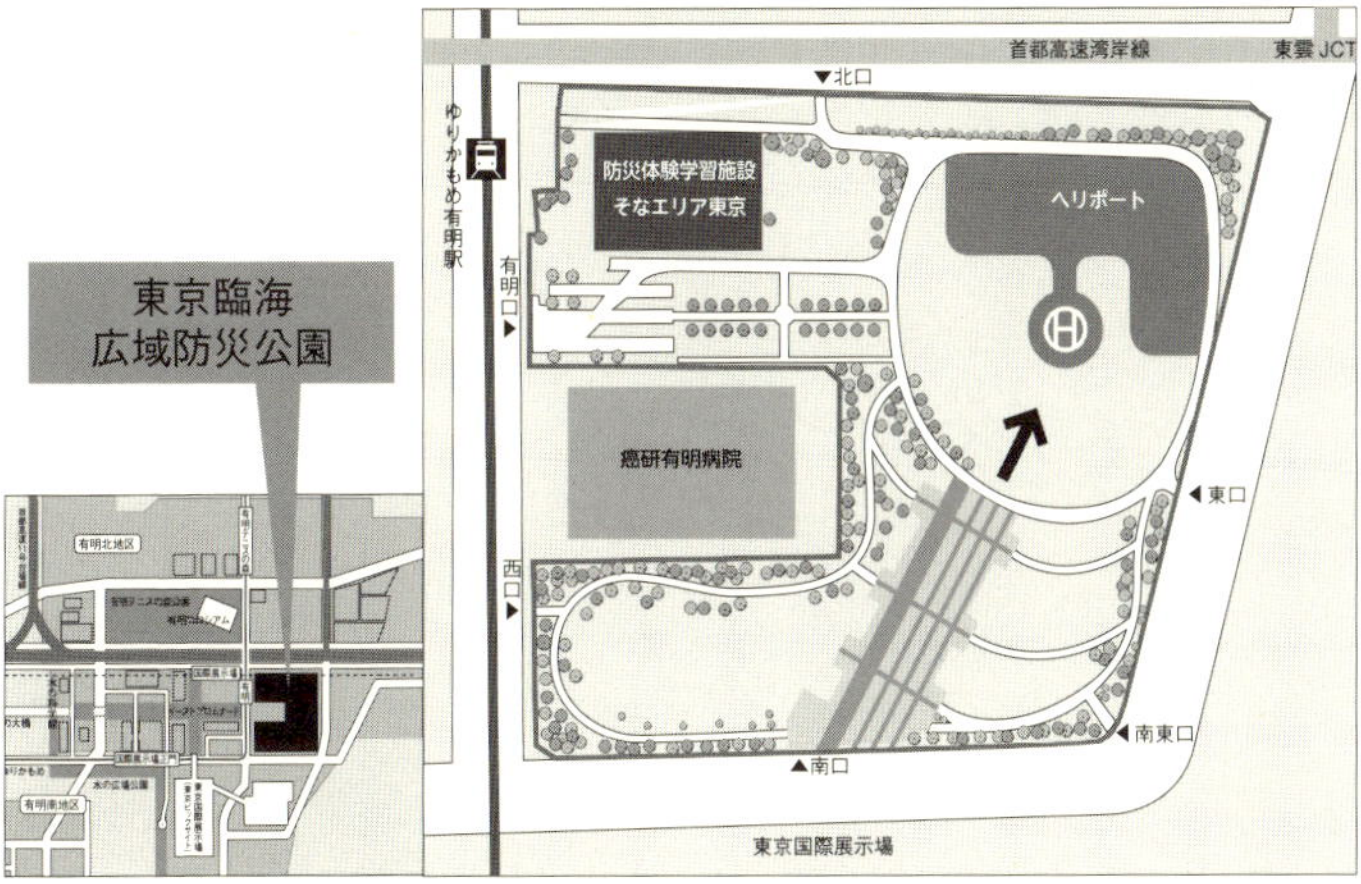

図 8-4　東京臨海広域防災公園の見取り図（筆者作成）

東京臨海広域防災公園は、普段は公園として一般に開放されているが、首都直下地震発生時には、これら広域的応援で東京以外から駆け付けた救助部隊のベースキャンプの一つとなる施設である。

基幹的広域防災拠点と位置付けられており、大規模自然災害時に、首都圏各地の防災拠点と連携し、そのヘッドクォーターとしての現地災害対策本部を設置する拠点となることが期待されている。

そのため広大な敷地の中に、本部棟とヘリポートを備えている（図8-4）。13・2ヘクタールの敷地は、ほぼ半分が国営公園（図では上半分6・7ヘクタール）、残り半分が都立公園（図では下半分6・5ヘクタール）として整備されている。国営公園部分に設置された本部棟は、2階建ての内閣府所管施設で、災害時ここに現地災害対策本部が設置される。各種通信機器・非常用電源・食料や飲料水の備蓄等を完備している。また防災体験学習施設「そなエリア東京」を併設しており、普段は国土交通省の所管施設であるこちらの施設が一般人でも出入り可能となっている。(注11)

災害時の救助部隊の拠点基地の一つが、身近にあるというのは、東京臨海副都心に居住する者、通勤する者、通学する者にとっては、心強い話である。

② 深川消防署有明分署

東京臨海副都心の唯一の消防署が、深川消防署有明分署である。武蔵野大学の隣に位置する（写真8−3）。

前身であるレインボータウン出張所は、深川消防署および臨港消防署を兼ねた出張所として平成10年（1998年）1月に開設・事務を開始。平成12年（2000年）4月に組織改正に伴って昇格し、深川消防署『有明分署』として開署、事務を開始した消防署である。

つまり以前は、通常の消防出張所としての機能以外に、臨港消防署としての機能も持っていたのである。東京消防庁では現在臨港消防署と呼称するが、元々は水上消防署といい、消防艇や水難救助隊を保有し、陸上と海上を管轄する消防署のことである。他消防本部では、未だに水上消防の名称を使っているところが多い。

なお東京臨海副都心が、港区、品川区、江東区に3分割されていることに、おそらく起因すると

写真 8-3　深川消防署有明分署と武蔵野大学（左奥）
（筆者撮影 2011年12月30日）

思われるが、東京臨海副都心の港区部分である台場地区は管轄していない。この地区の管轄は、芝消防署芝浦出張所である。よって台場で火災、救急事案が発生した場合は、レインボーブリッジを渡って消防隊、救急隊が駆け付けることとなる。

③　東京湾岸警察署

東京臨海副都心唯一の警察署が、東京湾岸警察署である。平成20年3月に開署した。前身は東京水上警察署である。水上警察署は、水上警察活動に特化した警察署であるが、近年陸上の警察署との統合等が進められる傾向に全国的にある。

東京湾岸警察署も本ケースに当たるが、建物は東京湾岸警察署「水上安全課」が引き続き使用。警視庁管内で唯一水上警察を持つ署である。

わが国の湾岸警備隊である海上保安庁（沿岸警備隊）が、外洋、沿岸及び内海（東京湾、大阪湾など）、港湾を管轄区域とするのに対し、水上警察は

写真8-4　東京湾岸警察署
（筆者撮影 2011年12月30日）

港湾地区及び内水（運河、河川、湖沼など）を管轄区域とする。したがって、海の存在しない滋賀県警にも琵琶湖を管轄する水上警察が存在する。

都内最大の留置所、女子専用留置所も東京湾岸警察署にある。

3 東京臨海副都心の災害対策の不安点

(1) 津波被害の想定

以上のように、一般的に埋立地は災害に弱いと思われがちであるが、東京都が「災害に強いまち」をまちづくりのコンセプトにしただけあって、東京臨海副都心は都内でも最も災害に強い地域の一つと思われる。

しかし災害対策に油断は禁物である。想定外があってはいけない。それでも気になる点について、最後に数点指摘したい。

一つは前述の通り、従来東京湾では発生の恐れが低いと言われてきた津波災害の可能性についてである。東日本大震災以降、全国の都道府県が津波被害の想定の見直しを一斉に開始した。

首都圏では平成23年12月に、神奈川県が真っ先に1000年に一度の大津波も考慮した見直しを行い、従来の被害想定を大幅に引き上げた。神奈川県が公表した津波浸水予測図によると、14メートルを超える巨大津波が鎌倉市を襲う可能性を想定している。また横浜駅などの繁華街も水没のおそれがある。(注12)

(平成24年2月の原稿執筆時点では、)東京都の津波被害の想定の見直し結果の公表はまだこれからであるが、東京臨海副都心をはじめ東京湾臨海部に設置された防潮堤は、伊勢湾台風級の高潮対策を想定したものである。東日本大震災を受け、このような津波被害想定の引き上げは、全国的な流れとなってきている。首都圏では、神奈川県の見直しが最初であるが、東京都の津波被害の想定にも影響を及ぼす可能性がある。

東京の津波被害想定も、1000年に一度の大津波まで想定したものに引き上げられれば、東京臨海副都心の防潮堤による現状の備えも、まだ不十分ということになる可能性がある。

(2) 広域連携による行政間の救援システムが機能不全に陥る可能性

また大規模災害発生時の防災行政の視点からの最悪のシナリオは、被災地の行政機関が機能しなくなった上に、広域連携による行政間の救援システムが機能不全に陥る状況である。そのような事態が生じると、被災者は何の救援も受けられない状況下長期間にわたり放置され、被害を更に拡大させることとなる。

被災地の行政機関が被災し機能不全に陥った東日本大震災でも、自衛隊、警察、消防の広域応援システムは各々課題を残すものの、それなりに機能し多くの被災者の命を救った(注13)。

ただ東京の場合、行政組織は規模も組織の仕組みも、他地域と異なり全国的にもオンリーワンの存在である。そこに他の行政機関が応援に来ても、初動段階で代替的に機能しない可能性がある。

例えば、東京消防庁は、1万8000人の職員数を抱える巨大消防本部である。全国に約800存在する消防本部の内でも、ずば抜けた巨人である。「我々は、東京消防庁を自分たちと同じ自治体消防とは、見做していない。あれは国の消防のようなものだ(注14)」

と消防関係者が語る様に、自治体消防本部ではあるものの、大規模災害発生時等には緊急消防援助隊の中で、中心的な役割を果たす。福島原子力発電所事故でも、危険を顧みず国民のために地方公務員であるにかかわらず放水活動を行った。

そのようなことが可能なのは、他の自治体消防本部を圧倒するずば抜けた人員数と技術、他の消防本部が持っていないような機材、装備を持っているからである。その東京消防庁が機能不全に仮に陥った場合、わが国の緊急消防援助隊のシステムそのものが完全には機能しなくなる恐れがある。

東京消防庁では、組織がダメージを受け、組織的な対応が出来なくなった場合の最悪のオプションとして、署隊運用を実施することを決めている。消防署管轄区域内で発生した地震災害に対し、当該消防署に所属する消防部隊で対応する部隊運用方法のことであるが、要するに組織対応が不可能になった場合、活動可能な消防署単位、あるいは消防隊単位で独自の判断で活動を継続させるというものである。消防署、消防隊がバラバラに動いているところに、緊急消防援助隊が他地域から来ても十分に連携が出来ない可能性が危惧される。

東京消防庁も、警視庁も、地方の組織でありながら、国の手足となって動く実動部隊的要素があるので、その手足が麻痺すると国の機関である消防庁や警察庁は、何も出来なくなる。また逆に、頭である国の行政機関が機能不全を起こすことで、手足である実動部隊が動かなくなる可能性も首都直下地震では最悪のオプションとして考えられる。

また現在、発生が懸念されている地震は、首都直下地震だけではない。東海・東南海・南海連動型地震が連動した、いわゆる3連動地震の発生も懸念されている。歴史的に見ると、東海地域に地震が発生した場合、東南海・南海地域のいずれかあるいは両方にも地震が発生した可能性が高いと見られている。

国の予測でも、東海地震はマグニチュード8クラスの地震が30年以内に発生する確率が87パーセントと、発生確率は首都

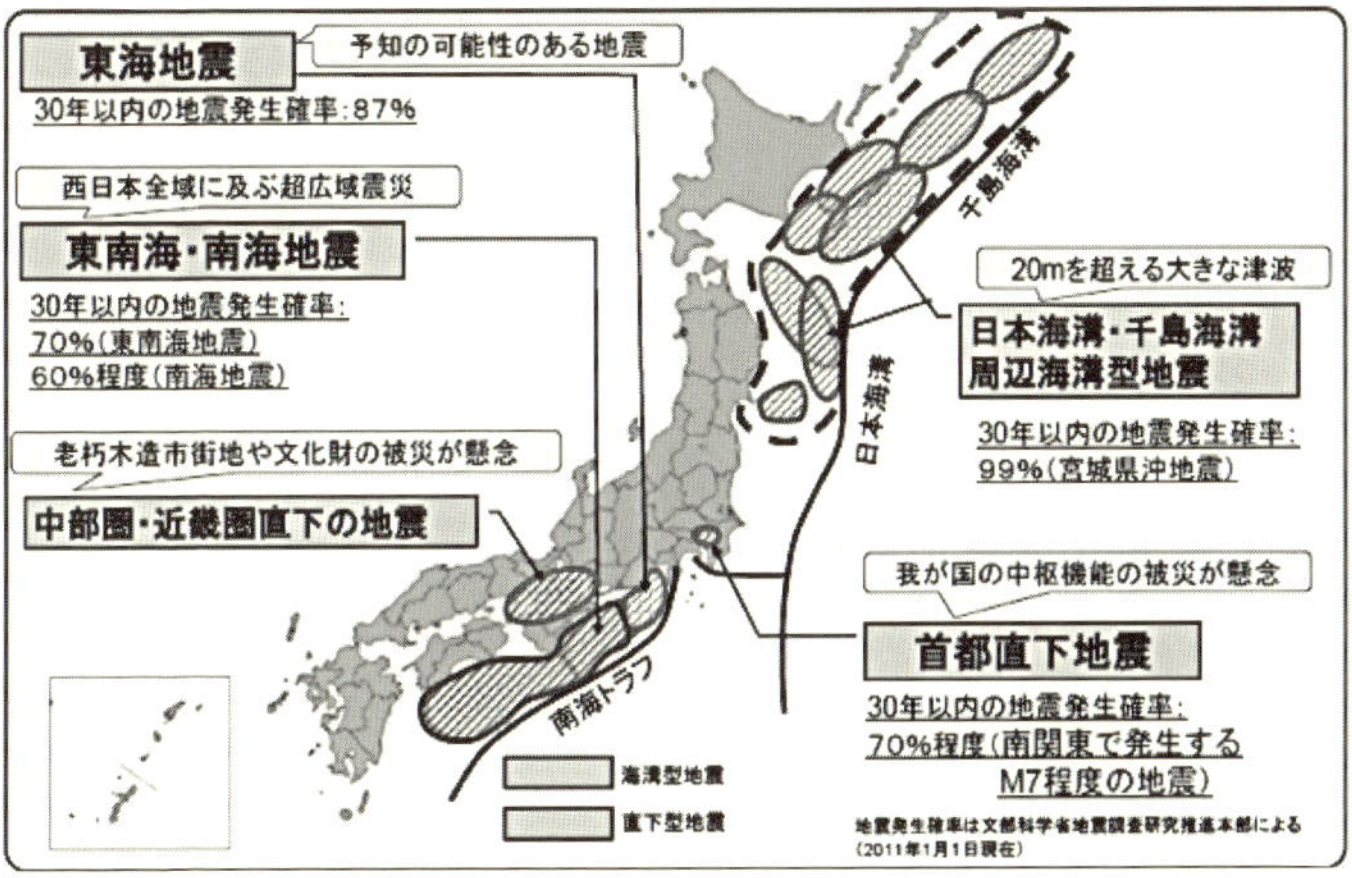

図 8-5　中央防災会議で検討対象とした大規模地震

(中央防災会議南海トラフの巨大地震モデル検討会資料「東海地震、東南海・南海地震について」より引用)

直下地震以上に高い。もし更に3連動地震に発展し、同時期に発生した場合、それぞれ自分の地域の対応で精一杯で、とても東京への広域応援どころではなくなる（図8―5）。そうなると東京臨海広域防災公園の出番もなくなる。

(3) 交通網の遮断による孤立化

東京臨海副都心に直結したより具体的な懸念としては、交通網の遮断による孤立化の可能性である。

元々、臨海副都心は、人工島である。各方面からの交通網で陸地と繋がれているが、これらの交通網がすべて遮断されると、孤立化し大勢の通勤者、通学者が帰宅難民化する危険性がある。食料、飲料水、宿泊場所の確保が課題となる。また外部に出ていた居住者は、帰宅が出来なくなる。

交通網が最悪完全に遮断されると、東京臨海広域防災公園に広域応援の部隊も入って来るのが、空路か海路からしか困難になる。そうなると、大型ヘリ、船舶を保有する自衛隊が救援の中心となる可能性が高い。

(4) 長周期地震動地震での高層ビルのダメージ

さらにもう一つの懸念材料が、長周期地震動地震での高層ビルのダメージである。長周期地震動地震とは、通常の地震とは異なり、長い周期で揺れる地震のことである。今まで長周期地震動地震に対する対応が高層ビルの設計においても取られて来なかったので、東京臨海副都心の高層ビルに対しても、大きなダメージを与える可能性がある。

東日本大震災でも、新宿のビルの大きな揺れが観測されている。

このよう東日本大震災の教訓から、防災のトレンドが想定外を無くすよう、最悪のシナリオを検討する方向に向かっているため、懸念材料は尽きないが、問題点を一つずつクリアし、真の意味で東京臨海副都心が「災害に強いまち」となることが期待される。

注

注1　文部科学省地震調査研究推進本部「海溝型地震の長期評価の概要（算定基準日2012年1月1日）」

注2　朝日新聞　2012年2月1日

注3　ITmedia ニュース ZAKZAK　2012年2月7日 http://www.itmedia.co.jp/news/articles/1202/07/news044.html

注4　文藝春秋日本の論点ＰＬＵＳ「東日本大震災以後、各地で頻発する地震は、はたして大地震の予兆なのか?」2012年2月8日

注5　中央防災会議資料「首都直下地震の被害想定（概要）」

注6　同右

注7　同右

注8　津波の被害想定を現在東京都は見直し中である。その結果次第では危険度も大きく変わってくる可能性がある。

注9　社団法人東京都地質調査業協会『技術ノート』No.37　平成16年11月　22頁

注10　消防庁資料

注11　西武造園㈱・㈱ＮＨＫアート共同体「東京臨海広域防災公園　新設の基幹的広域防災拠点施設で平常時の集客アップと防災意識向上に取組む」『月刊　指定管理者制度』平成23年4月号　17-18頁

注12　朝日新聞　2011年1月8日
注13　永田尚三「東日本大震災と消防」『検証　東日本大震災』ミネルヴァ書房　平成24年
注14　東日本大震災被災地のA市消防本部職員ヒアリング

参考文献

関西大学社会安全学部編『検証　東日本大震災』ミネルヴァ書房
社団法人東京都地質調査業協会『技術ノート』No.37
西武造園㈱・㈱NHKアート共同体「東京臨海広域防災公園　新設の基幹的広域防災拠点施設で平常時の集客アップと防災意識向上に取組む」『月刊　指定管理者制度』平成23年4月号
中央防災会議資料「首都直下地震の被害想定（概要）」
中央防災会議資料「首都直下地震について」
中央防災会議資料「東海地震、東南海・南海地震について」
永田尚三「首都圏の防災行政の視点から首都圏地震を検討する」第2回関西大学東京シンポジウム（平成23年10月28日）報告資料
文部科学省地震調査研究推進本部「全国地震動予測地図　2010年版」

あとがき

近年、武蔵野大学は大きく変貌している。もともと文学部だけの女子単科大学であったが、平成10年4月に現在の政治経済学部の前身である現代社会学部を創設、以後人間関係学部（現人間科学部）、薬学部、看護学部、環境学部、教育学部、グローバルコミュニケーション学部を次々に増設、今や8学部、6研究科を擁する総合大学に進化している。この間、男女共学化、通信教育部の創設、大学院の設置、研究所の設置などの基本的諸施策も断行され、20年4月には現代社会学部を改組して政治経済学部が誕生している。

政治経済研究所は、このような政治経済学部の誕生に歩調をあわせて、新たに創設された研究所で、本学では仏教文化研究所、能楽資料センター、薬学研究所などに次ぐ新しい研究所である。

この研究所は、政治・法律及び経済・経営に関する理論及び実態を調査研究し、この分野の学術研究の発展と人類の福祉の向上に貢献することを目的としているが、こうした目的を達成するため、(1)政治・経済に関する先端的な研究の実施とその成果の発表（2）研究会や講演会等の開催（3）国内外の大学や研究機関との交流（4）外部機関との共同プロジェクトの推進（5）研究及び調査の受託、等々の事業を行うことを定めている。

ところで平成19年9月、本学は、これまでの武蔵野キャンパスの狭隘化に対処するためと、都心部に新しい知的拠点を築く必要性を考慮して、臨海副都心の有明地区に新キャンパスを建設する計画を決定した。今から5年前である。同地区は、本学誕生地の築地本願寺に至近の場所にあり、また遠い将来を考えれば、緑が溢れ思索の地である「武蔵野」キャンパスに加えて、東京湾ウォーターフロントの中心に位置し都市インフラを完備する臨海副都心に新キャンパスを構えることは、将来に対する無限の可能性を手に入れることになると判断したからであった。

本書の出発点は、このような有明キャンパス建設計画が進展するさなか、若手教員から「臨海副都心とは、どのような場所なのか?」、あるいは「臨海副都心計画の変遷と現状を知りたい」、「有明キャンパスは果たしていかなる『知』の拠点となりうるのか?」という声があがったことであった。政治経済研究所では、早速、こうした声をくみ上げ、まずは「臨海副都心の問題を様々な角度から検討してみよう」ということになり、研究所内に「臨海副都心研究会」という研究プロジェクトを立ち上げることになった。もとより、臨海副都心を研究対象とする専門家は一人もおらず、にもかかわらず歴史学、政治学、経済学、経営学、社会学等の異なる分野の専門家たちが一堂に集結したのは、なによりも臨海副都心に対する「共通の興味」があったからである。将来の職場となる新天地を対象とする研究に興味があったことはもちろんだが、それだけでなく、臨海副都心そのものの過去・現在・未来を検討することは、それぞれの専門の立場からも意義のあることであり、まさに共同研究のテーマとしても最もふさわしいと考えられたのである。以来、武蔵野大学政治経済研究所内につくられた「臨海副都心研究会」では、約2年間、メンバー達による研究発表を順次おこない、討議が夜遅くまで続くことも稀でなかった。私もこの研究会にほとんど毎回出席させてもらい、刺激的で活発な議論に参加させてもらった。

本書は、そうした2年間の研究成果をとりまとめたものである。途中、メンバーのうち、永田尚三君（准教授）が関西大学社会安全学部へ、上原渉君（専任講師）と佐々木将人君（同前）の両君が一橋大学大学院商学研究科へ移籍するなど、思いもかけない出来事があったが、三君とも、引き続き本学政治経済研究所に研究員として残留し、最後まで責任を果たしてくれたことは、まことに有り難くうれしかった。たとえ主たる研究拠点が異なっても、今後ともこのような共同研究の場が維持され、学問的交流が一層深まるとすれば、これに過ぎる喜びはない。

臨海副都心は、台場地区、青海地区、有明北地区、有明南地区の4つに分けられる。武蔵野大学が進出するのは有明南地区だが、本書が、この地区の関係者だけでなく、臨海副都心に関心をもつ全ての方々に幅広く読まれることを期待したい。

本書の出版にあたり、武蔵野大学出版会の芦田頼子女史には大変お世話になった。もしも同女史の助言や尽力がなかったならば、本書の出版は危うかったであろう。同女史には心から成る謝意を表したい。

平成24年3月

武蔵野大学政治経済研究所
臨海副都心研究会代表　寺崎　修

執筆者紹介

■監　修

寺崎　修（てらさき おさむ）武蔵野大学学長　政治経済学部教授
専門は政治学、政治史、政治思想史。主な著書に『自由民権運動の研究 ― 急進的自由民権家の軌跡 ―』、『明治自由党の研究』（いずれも慶應義塾大学出版会）などがある。

■分担執筆（掲載順）

後藤　新（ごとう あらた）武蔵野大学政治経済学部非常勤講師
専門は政治学、政治史。主な著書に『戦前日本の政治と市民意識』、『近代日本の政治意識』（いずれも慶應義塾大学出版会）（いずれも共著）などがある。第1章担当。

大阿久　博（おおあく ひろし）武蔵野大学政治経済学部教授
専門は理論経済学。主な論文・著書に"Evolution with delay", The Japanese Economic Review (2002)、『政治経済学』成文堂（共著）、『スティグリッツ 入門経済学（第4版）』東洋経済新報社（共訳）などがある。第2章担当

永田　尚三（ながた しょうぞう）関西大学社会安全学部准教授
専門は消防・防災行政、危機管理行政。主な著書に『消防の広域再編の研究 ― 広域行政と消防行政 ―』（武蔵野大学出版会）、『政策ディベート入門』（創開出版）（共著）などがある。第3・8章担当。

佐々木 将人（ささき まさと）一橋大学大学院商学研究科専任講師
専門は経営組織論，経営戦略論．主な論文に，「嗜好品の開発プロセスの設計 ― キリンビール「やわらか」の事例分析 ―」（『日本経営学界誌』），「組織における多様な分化 ― 環境認識，戦略志向性，コミットメント ―」（『一橋商学論叢』）などがある。第4章担当。

上原　渉（うえはら わたる）一橋大学大学院商学研究科専任講師
専門は、マーケティング組織、新興国におけるマーケティング、ブランド論。主要な論文に「ブランド・イメージの受動的な形成 ― 他者によるブランド評価の影響の分析」『一橋商学論叢』。第5章担当。

烏谷　昌幸（からすだに まさゆき）武蔵野大学政治経済学部専任講師
専門は政治社会学、マス・コミュニケーション論。主な著書に『ジャーナリズムと権力』（世界思想社）『「水俣」の言説と表象』（藤原書店）、『テレビニュースの社会学』（世界思想社）（いずれも共著）などがある。第6章担当。

中村　孝文（なかむら たかふみ）武蔵野大学副学長　政治経済学部教授
専門は西洋政治思想史、政治哲学。主な著書に『デモクラシーとは何か』ロバート・A・ダール著（翻訳）（岩波書店）、『政治理論史』（DTP出版）など。第7章担当。

臨海副都心《りんかいふくとしん》の過去《かこ》・現在《げんざい》・未来《みらい》

発行日　2012年6月15日　初版第1刷

著　者　武蔵野大学政治経済研究所［編］

発　行　武蔵野大学出版会
〒202-8585 東京都西東京市新町 1-1-20
武蔵野大学構内
Tel. 042-468-3003 Fax. 042-468-3004
印刷・製本　株式会社 文 伸

ISBN　978-4-903281-21-6